시골 육아

아이는 모자람 없이 배우고
부모는 잔소리 없이 키우는

시골 육아

김선연 지음

봄름

"엄마 당신은 어떤 삶을 살고 싶나요?"

"갑자기 왜?"

어느 날 대뜸 시골로 내려가겠다고 선포했다. 주변 사람들 모두 만류했다. 초등학교 입학이 얼마 남지 않은 아이들을 데리고 아무 것도 없는 시골에 가서 무얼 하겠냐는 걱정이 대부분이었다. 어차피 언젠가는 다시 도시로 돌아올 텐데 괜한 시간 낭비, 돈 낭비라며 나를 말렸다.

부정도, 긍정도 바로 할 수 없었다. 어디서부터 어떻게 풀어야 할지 모르겠는 문제들이 내 안에 가득했다. 다른 사람들이 보기에 나는 그럴 듯한 삶을 사는 도시 여자였다. 국어 교사로 사회생활을 한지 어느덧 20년이 되었고, 두 아들을 알뜰살뜰 키우면서 틈틈이 자기계발도 하는 건강한 삶을 사는 중이었다.

하지만 도시에서 나는 이유 없이 자주 싸우고 싶었고, 싸우고 있었다. 작은 일에 쉽게 분노했지만, 싸워 마땅한 부당한 일 앞에서는 싸울 힘이 나지 않았다. 참고 참는 사이 그 분노는 내가 가장 사랑하는 아이들에게 자주 향했다.

그런 내 모습을 견디기 힘들었다. 무너져가는 나의 자존감을 곧추세우고 싶어졌다. 무엇보다 하룻밤 자고 일어날 때마다 쑥쑥 크는, 나에게 한없이 다정한 아이들과 최고로 행복한 시간을 보내고 싶었다. 엄마의 감정을 아이들에게 전가해 평생 이고 갈 상처를 주고 싶지 않았다.

시골행은 충동적인 선택이 아니었다. 도시에 미련을 거두고 시골로 걱정 없이 떠날 수 있도록 1년을 준비했고, 아이들에게 직접 살고 싶은 곳을 고르게 했다. 그렇게 나는 두 아들과 경상북도 상주로 떠났다. 2022년, 올해로 시골살이 2년 차가 되었다.

이곳에서 아이들은 도시에서는 천대받을 잡초 앞에서 쉽게 감탄하며 발걸음을 멈춰 세웠다. 그 경험은 아이들 스스로 그림을 그리게 했고, 책을 읽고 일기를 쓰게 했다. 아이들은 시골의 작은 병설유치원에서 놀이가 자신들의 밥줄인 마냥 열심히 뛰어놀았다. 마당 텃밭에 자기 몫의 씨를 뿌리고 일구었으며, 매일매일 행복하다고 말한다.

아이들이 한없이 무해하게 자라날 때, 엄마인 나는 어땠을까.

나는 시골살이를 고민하는 엄마들이 있다면, 자녀뿐만 아니라 엄마 본인의 삶도 생각해보면 좋겠다. 시골살이를 먼저 해본 엄마로서 시골살이를 고민하는 엄마들에게 묻고 싶다. "엄마 당신은 어떤 삶을 살고 싶나요?"

상주에서 나는 부정적인 감정과 생각이 들 때마다 오솔길을 걸었다. 수많은 풀과 꽃과 나무가 내가 걷는 속도만큼 내 곁을 스쳐 지나갔다. 살면서 그것들의 이름을 궁금해하거나 외워본 적이 없다. 이름 없는 것들의 무더기에 눈길을 준 적은 있을지라도, 그 정체를 알아볼 만큼의 여유는 없었다. 도시에서는 나무 이름 하나보다 배우고 알아야 할 게 더 많았다.

그런 세상에서는 끊임없이 나를 증명해야 했다. 더 노력해야만 인정받을 것 같았고 더 소유해야만 노력이 보상받는 것 같았다. 그러나 성과, 경력, 재산, 육아 어떤 면에서든 나는 흔한 풀 무더기보다 시선을 끌지 못한 개인으로 오래 살았다. 딱히 뭔가를 해내지도 못했으면서 번번이 지쳤다. 그리고 그때마다 노력이 부족했다며 자책했다. 나는 왜 이리 약해빠졌나 스스로를 미워하면서.

도시에서는 세상에 이렇게 다양한 나무와 풀이 존재한다는 사실을 몰라도 아무런 문제없이, 살았을 텐데 나는 기어이 자연을 만나러 시골로 왔다. 운명처럼 우리는 조우했다. 아이들 곁에서 나도 무해하게 한없이 자라났다.

이 책은 우리 가족이 시골에서 이룬 성장과 회복에 관한 이야기다. 앞으로 펼쳐질 우리 식구의 시골살이가 누군가의 부러움을 사진 않았으면 좋겠다. 시골 육아가 천만다행하게도 우리 식구에게 잘 맞았을 뿐, 도시 육아의 쓴맛을 달래는 데 시골행이 유일한 정답은 아니다. 아이들이 한 살이라도 어릴 때 자연에서 살아보고 싶은 부모들이 참고 정도만 해주기를 바란다.

특히 어린 자녀를 키우는 엄마들의 손가락 끝에 이 책이 걸리면 좋겠다. 존경받아 마땅한 그들에게 가끔 지칠 때가 있다고, 지치는 게 당연하다고, 누구도 부모로서 완벽할 수 없다고, 그래도 괜찮다고 말해주고 싶다. 달리다가 멈추고 싶으면 멈춰도 된다. 나 역시 멈추면 이제껏 애쓴 것들이 사라질 줄 알았는데, 오히려 더 넓은 세계로 뻗어나갈 수 있는 또 다른 문이 열렸다. 우리 엄마들이 어떤 선택을 하든, 최선이었을 그 노고에 박수를 보낸다.

끝으로 나에게 엄마는 꿈이 뭐냐고 물어주었던 첫째 아들. 엄마는 글을 잘 쓰니까 작가가 될 수 있다고 응원해준 둘째 아들. 시골에서 살다 오겠다고 선언했을 때 묵묵히 지지해준 남편. 그리고 변함없는 사랑과 도움을 주는 원가족에게 고마움을 전한다.

브런치에 쓴 '시골 라이프를 선물할게'를 읽고 방송 출연 제의를 주신 ktv 방송국 김병연 PD님, 선생님은 글을 써야 행복한 사람이라고 무한 응원해주신 이지아 구성작가님, 수많은 원고 중 내 원고

가 가치 있다고 말해주신 장진영 편집자님과 봄름 출판사 대표님
께 깊고 깊은 다정의 말을 보낸다.

"덕분에 제 꿈을 이루었어요. 어릴 적부터 작가가 되고 싶었던,
위로가 되는 글을 쓰고 싶었던 제 꿈을요."

모든 생명이 만개하는
푸르른 초여름의 어느 날,
작가 김선연

우리 가족을 소개합니다 ♥

아빠

장창익 | 아내보다 3살 아래

도시에서 나는, 쾌적한 쇼핑몰과 아파트 생활을 사랑하는 사람
시골에서 나는, 전원주택을 관리하는 부지런함을 재발견
안빈낙도의 즐거움도 재발견

엄마

김선연 | 남편보다 3살 위

도시에서 나는, 괜찮아 보이려고 애쓰는 사람
시골에서 나는, 어떻게 보이든 괜찮은 사람
스스로 편해진 사람

아들 1호

장선후 | 2015년생

도시에서 나는, 조심성이 많고 어른스러운 아이
시골에서 나는, 자연에서 보고 느낀 것을 표현하는
꼬마 철학자이자 화가

아들 2호

장진우 | 2017년생

도시에서 나는, 귀여운 장난꾸러기
시골에서 나는, 길가의 생명들을 돌보며 행복해하는 아이

1장
—
도시 육아의 쓴맛

아이에게 화풀이하는
내가 싫었다

▷

    2일 행복하기 위해 5일 버티는 삶의 반복이었다. 평일은 일하느라 바쁘니 주말은 온전히 우리들만의 시간으로 채우려 애썼다. 아이들을 데리고 도시 인근의 자연으로 자주 떠났다. 아이들은 해맑은 얼굴로 뛰어놀다가 저녁만 되면 체력이 눈에 띄게 떨어졌다. 기대했던 것과 달리 하루 끝은 거의 짜증이었다.

    "너희들 좋으라고 일부러 놀러 나왔는데 힘들다고 그렇게 짜증내면 안 되지. 좀 참을 줄도 알아야지."

    당시 여섯 살이었던 첫째 선후가 나보다 앞서 걷다가 한껏 날카로운 표정으로 휙 돌아서서 대꾸했다.

    "왜? 왜 나는 피곤하고 힘들다고 짜증내면 안 돼? 엄마도 밤마다 피곤하다고 화내잖아. 우리한테 짜증 부리고 미안하다 말만 하고 안 고치잖아."

들숨이 폐 깊이 들어가 �꽉 막힌 듯했다. 불쑥불쑥 아이들에게 화를 낼 때마다 그러지 말자고 다짐했지만 내 마음은 내 것이 아닌 듯 뜻대로 되지 않았다. 잘못인 것을 알면서도 부정적인 내 감정을 힘없는 아이들에게 화풀이하듯 쏟아내는 감정 폭력은 어느새 습관이 되었다. 그러던 어느 날, 스스로 참담할 정도로 부끄러운 일이 생겼다.

그날따라 직장에서 힘든 일이 있었다. 퇴근 후에도 불쾌한 감정을 떨치지 못한 채 아이들 저녁을 먹이고 밀린 집안일을 한다고 잠깐도 앉아 쉬지 못했다. 영원할 것 같은 깊은 피로감에 괜히 아이들에게 불똥 튀는 일이 없도록 조심하자며 다짐까지 했다.

그런데 당시 네 살이었던 둘째 진우가 형이랑 놀다가 꺄르르 웃으면서 나에게 달려와 웃긴 이야기를 해주겠다며 내 왼쪽 다리에 온몸을 휘감고 매달렸다. 아이는 단지 자기를 봐달라는 신호를 보냈을 뿐인데 설거지하던 중 몸이 휘청거리면서 훨씬 무거운 피로를 느낀 나는 와락 아이를 밀치며 버럭 화냈다.

"엄마 설거지하고 있는 거 안 보여? 그렇게 확 엄마한테 달려들면 어떡해?"

나에게 매달려 있던 아이의 해맑은 얼굴에서 순식간에 웃음기가 사라졌다. 이게 지금 무슨 상황인지 살피는 듯 당황한 기색이 역력했다. 순식간에 집 안에 무거운 침묵이 흘렀다. 또 한 번 성숙하지 못한 나를 책망하며 아이에게 사과했다.

"엄마가 또 화를 내버렸네. 하아. 왜 이렇게 엄마가 엄마 마음도 조절 못 하는지 모르겠다. 엄마가 너무 미안해. 네 잘못은 없는데, 너는 그저 너의 즐거움을 엄마에게도 나눠주고 싶었을 뿐인데. 너무너무 미안해. 엄마도 요즘 자꾸 화내는 내가 너무 싫어."

"엄마. 나는 기분 나쁘지 않아요. 나는 엄마가 힘들어하고 있는 거 알아요. 하나도 기분 나쁘지 않았어요. 진짜예요."

분명 내가 느닷없이 소리 질러서 상처받은 얼굴을 했으면서, 아이는 아무렇지 않다는 듯 감정을 숨기고 말간 얼굴로 나를 바라보았다. 아이는 작은 품으로 속 좁은 나를 감싸 안아주었다. 둘째의 따뜻한 토닥임이 내 마음으로 들어와 큰 북소리처럼 둥둥 울렸다.

나는 그만 엉엉 소리 내어 울어버렸다. 내가 너무 한심하고 미웠다. 도무지 상황이 나아지지 않을 것 같았다. 아직 어린 아들들에게 엄마의 힘듦과 부족함을 이해해달라고 갈구할 만큼 성숙하지 못한 스스로가 너무 싫었다. 머리로는 아는데 행동이 못 따라가는 것도, 아이들 앞에서 분노를 조절하지 못해놓고 자기변명을 늘어놓는 것도 싫었다.

그날 밤, 잠든 아이들의 무해한 얼굴을 보다 항해사인 남편이 결혼 전에 했던 말이 떠올랐다.

"나랑 결혼하면 힘든 일 많을 거예요. 가족에게 안 좋은 일이 생겨도 항해 중에는 내가 해줄 수 있는 게 없어요. 항해 중에는 통신이 잡히지 않으니 연락도 잘 안 될 뿐더러 긴급한 개인 사정이 있어도 바로 하선하지 못하니까요. 어떤 상황에서건 항해는 계속 되어야 해요. 설사 부모님께서 돌아가셔도 승선 중일 때는 임종도 지키지 못하고요. 집안일 하나하나 신경 쓰지 못하고 당신이 혼자 결정하고 이끌어갈 일도 많을 텐데… 그래도 나와 결혼해줄 수 있겠어요?"

1년의 대부분을 인도양 어디쯤을 부유하는 항해사와의 결혼 생활은 그의 말 그대로였다. 항해 중일 때 생기는 집안의 대소사는 당연히 참석하지 못했으며, 크고 작은 현실적 결정들은 언제나 나의 몫이었다. 남편이 부재하는 동안 큰일이 생길 때도 있었지만, 각오하고 시작한 만큼 그다지 힘들진 않았다.

오히려 사소한 것들이 문제였다. 일과 육아를 홀로 병행하며 쌓인 피로 때문에 내가 바라던 삶을 못 살고 있다는 생각, 시도 때도 없이 감정을 조절하지 못하는 일상이 가장 괴로웠다. 몸과 마음이 힘들어서 자주 타인에게 서운해지고, 남 탓을 하는 내 모습도 견디기 힘들었다.

삶에 위태로움을 느꼈지만, 어떻게 부정적인 감정들을 해결해야 할지 몰라 어정쩡한 태도로 하루하루를 버텼다. 참고 살다보면 때론 좋은 일도 있고, 감동적인 일도 있고, 스스로 대견한 날도 있으니 이 정도면 나쁘지 않은 삶이라고 합리화했다.

남편이 항해 나가면 아빠 몫까지 아이들에게 해주려 애썼다. 퇴근해 아이들과 산책하고 씻기고 정성껏 요리한 음식을 먹이고 책도 읽어주면서 워킹맘의 한계를 지우려 부단히 노력했다. 그러나 노력만으로 잘 안 되는 것이 있었다. 바로 밤잠 없는 예민한 아이들 재우기였다.

서로 엄마의 오른쪽에 눕겠다거나, 자기 등을 긁어달라며 다투는 아이들은 쉽게 잠드는 법이 없었다. 엄마의 사랑이 고팠구나 싶어 다정하게 번갈아 안아주다가도 실랑이가 한 시간, 두 시간 계속되다 결국 밤 11시가 넘어가면 인내가 끊겼다. 아이들을 재워야지만 시작할 수 있는 집안일과 직장 일에 대한 부담이 피로와 뒤섞이면서 결국 화를 불러일으켰다.

"제발 좀 자라고. 더럽게 안 자. 나는 매일이 피곤하고 힘든데 어떻게 너희는 조금도 도와주질 않니?"

어떤 날은 직장에서 받은 스트레스를 삭이고 삭이다 아이가 잠들기 직전에 작은 실수라도 하면 필요 이상으로 화를 냈다. 지금 돌이켜봐도 이때의 내 모습이 제일 싫다. 정작 큰소리를 쳐야 할 사람들에게는 침묵으로 일관했으면서, 오롯이 내 편인 힘없는 아이들에게 화풀이를 했었다.

그렇게 아이들에게 화낸 밤이면 울면서 미처 끝내지 못한 일을 억지로 했다. 일을 마무리 짓고도 지독한 자기혐오 때문에 잠을 못 드니, 아침이면 더 피곤했다. 아이들에게 "엄마 힘드니까 얼른 준비하자"라고 말하며 '엄마를 힘들게 하는 것은 너희'라며 습관적으로 내 잘못을 아이 몫으로 돌렸다.

집에서는 그런 생활을 하면서 현관문을 나설 때면 사회적 가면을 꺼내 썼다. 학생들에게 친절한 교사라는 가면으로, 내 아이들에게 다정한 엄마라는 가면으로 유약한 내 민낯을 가렸다. 다정함을 타고난 결이라고 생각하며 평생 살았는데, 손가락 하나 까딱할 수 없을 만큼의 피곤함 앞에서는 이걸 핑계로 연약한 아이들에게 감정 폭력을 휘두르는 형편없는 인간으로 변해 있었다. 그러고는 불편한 마음에 '엄마를 힘들게 하는 것은 일찍 자지 않는 너희 탓이야'라는 프레임을 아이들에게 씌웠다.

당시 나는 현실을 외면하며 살았다. 매일 밤 괴물이 되는 내가 너무 싫어서. 잘못인 걸 알면서도 멈추지 못하는 내가 싫어서. 나와 같은 상황에서도 부드럽고 현명하게 해결하는 사람들도 있는데 그러지 못하는 나의 유약함이 싫어서. 자기 감정도 조절 못 하는 나란 인간이 엄마가 되어 일상의 고단한 감정을 여리고 무해한 아이들에게 마구 쏟아내는 일상이 끔찍해서.

그사이 나의 어린 아이들은 엄마의 미성숙함을 거름망 없이 학습하고 있었다. 자신들은 엄마로부터 그런 대접을 받아도 되고, 피곤하면 엄마처럼 행동을 해도 된다고 판단했다. 그렇게 건강하지 못한 삶을 살며 가장 소중한 아이들에게 깊은 상처를 주는 사람이 바로 나였다.

○

"엄마는 나를
가르치려고만 해!"

▷

　　엄마가 되고 산책은 색다른 의미를 덧입었다. 서툰 아이의 발걸음에 맞추어 나란히, 혹은 아이 뒤에서 천천히 걸으며 아이의 속도로 사소한 물상을 자세히 바라보게 됐다. 산책 중 아이의 입에서 나오는 말은 시가 되어 나의 마음을 벅차게 했다. 아이의 눈으로 일상을 바라보면 그 속엔 내가 잃어버렸던 일상의 신비가 깃들어 있었다. 그것은 당시 인생이 시시하고 허무하다고 생각했던 나에게 좀 재밌는 일이었다.

　아이를 사랑할수록 더 좋은 엄마가 되고 싶었고 좋은 세상을 보여주고 싶었다. '아이를 위해' 조금만 더 가르쳐주고 놀아줘야겠다는 생각이 커질수록 신비로웠던 산책 시간이 빛을 잃어갔다. 실용적인 도움을 아이에게 주고 싶다는 욕심만 앞섰다. 열심히 정보를 검색해 아이 연령대에 맞는 엄마표 놀이와 교육을 모두 해줘야 한다는 강박이 생겼다.

도시에서 만난 엄마들은 아이 교육에 관한 정보력도 대단했다. 아이 교육에 열정적이고 헌신적인 모습이 때론 존경스럽고 부러웠다. 그렇게 하지 못하는 나는 그 무리에서 소외되어 중요한 육아 정보를 놓치고 있는 것 같은 불안감이 자주 들었다.

그러다 둘째가 생기자 나는 좀 이성을 잃은 듯 살았다. 둘째를 안고 씻길 때마다 관심을 바라는 첫째의 신경질이 극대화되면서 나도 울고 싶은 마음이 자주 들었다. 혼자 젖먹이 둘을 돌보느라 지쳐 첫째와 산책은커녕 동화책 읽어줄 시간도 빠듯했다.

창의력이나 수리력을 기르는 교육을 전혀 시키지 않고 있다는 자책과 조바심이 들 때쯤, 지인의 추천으로 방문교사를 들여 만 3살 때부터 한글과 수학 학습을 시키기로 했다.

처음 한 달은 아이도 수업을 즐거워했다. 이 기세라면 금방 한글을 깨우치겠다 싶었는데, 언제부턴가 아이는 선생님이 올 시간이 되면 문 뒤로 숨거나 현관에서 선생님이 집으로 못 들어오게 막았다. 가까스로 자리에 앉혀 수업을 시작한 어느 날이었다. 선생님이 숫자 세기 놀이를 시작하려는데, 아이가 대뜸 학습지를 가리키는 선생님의 손목을 두 손으로 움켜잡았다.

"나한테 강제로 공부시키지 마! 강제로 하라고 하지 마!"

아이가 버릇없어 보일까 당황한 나는 선생님 눈치 보기 바빴다. 그 순간마저도 '엄마라는 사람이 교사면서 자기 아이 교육은 제대로 못 시키고 있다고 생각하면 어쩌지'라고 생각했다. 그래서 아이의 마음을 헤아리기보다 아이에게 이건 버릇없는 행동이라며 다그쳤다.

아이는 엉엉 울었고 선생님은 최선을 다해 하던 내용을 빠르게 훑어 수업을 마무리 짓고, 다음 수업을 위해 일어나셨다. 선생님을 배웅하고 돌아서서 심술이 잔뜩 나 있는 아이를 혼냈다.

"너 공부하기 싫어? 공부는 중요한 거야. 싫은 마음도 들 수 있지만 살면서 배우고 익히는 공부는 반드시 해야 해."

"엄마! 선생님은 매번 나보고 틀렸다고만 하잖아. 나도 생각이 있는데 내 생각은 틀렸다고만 해."

엄마와 산책하는 시간만큼은 무슨 말을 해도 자신의 생각을 존중받아 좋았는데, 그때와 다르게 정답이 있는 선생님과의 수업 시간이 낯설고 힘들었던 것이다.

하지만 이미 방문학습 1년을 계약하면서 할인 혜택을 받았기에 환불도, 수업 중단도 불가했다. 이미 들인 돈도 아깝고, 어떻게든 아이가 약속된 만큼은 해내길 바라는 마음과 중간에 포기하지 않는 자세를 가르치고 싶다는 욕심에 결국 수업을 중단하지 못했다.

선생님과 아이는 남은 10개월을 의무감으로 꾸역꾸역 채워나갔다. 그 모습을 옆에서 지켜보는 것도 곤욕스러운 일이었다. 지금부터 이러면 아이가 영원히 이런 태도로 공부를 멀리 할까봐 두렵기도 했다. 아이의 성향을 살피지 못하고 타인의 말을 맹신한 내 탓인데도, 아이에게 열심히 하지 않는다며 혼냈다. 아이는 그 후로 어떤 놀이건 학습적 요소만 들어가면 완강히 등을 돌리고 앉아 거부했다.

시간이 흘러 첫째 아이는 여섯 살이 되었다. 나는 또 슬며시 아이에게 새로운 공부를 권했다. 비대면, 소수 정예로 질 높은 수업을 집에서 들을 수 있다는 유혹에 온라인으로 영어, 미술, 사회 수업을 듣게 했다.

처음에는 흥미를 갖던 아들이 얼마 못 가 몸을 비틀기 시작했다. 옆에서 지켜보던 내 눈에서 레이저가 나왔다. 아이는 슬슬 눈치를 보며 공부하는 척했다. 수업이 끝나면 아이는 나에게 다가와 이렇게 말했다.

"나 또 잘못했어? 나 진짜 선생님 말씀 다 들었어. 기억도 다 해. 그냥 몸이 자꾸만 내 말을 안 들어서 그래. 마음은 안 그러는데 몸이 자꾸만 피곤하다잖아."

화면 속 또래 아이들은 흐트러짐 없이 앉아서 열심히 듣던데, 하며 우리 아이를 다른 집 아이들과 비교하는 못난 마음이 슬며시 올라오기도 했다. 그런 날에는 밤마다 또 한 무더기 걱정 이불을 덮고 잤다. 뭐라도 가르치고 싶어 하는 나의 조급함과는 달리 아이는 아이의 속도대로 느긋했다. 엄마표 공부를 들이밀면 아이는 한숨 쉬며 말했다.

"엄마는 꼭 잘 놀다가 뭔가를 가르치려고 하더라. 나한테 자꾸만 가르치고 싶어 해. 놀이를 재미없게 만들어. 왜 자꾸 뭘 가르치려고만 해! 나는 내가 하고 싶은 놀이가 따로 있다고!"

아들이 반복하는 말을 들으며 가만히 지켜본 우리 선후는 이런 아이였다. 그 무엇보다 자신의 마음이 존중받기를 원하는 아이. 실생활에 관련된 공부에 호기심과 열정이 생기는 아이. 자연 속에서 스스로 발견한 것을 엄마와 나누고 싶어 하는 아이. 규칙을 중요시하고 실수할까봐 섣불리 도전하기를 망설이는 아이. 새로운 공부를 시작하기 전에 동기부여가 필요한 아이.

그런데 나는 지금이 중요한 성장기라는 이유로 주위에서 하는 것은 너도 다 해야 하고, 그게 성공을 위한 마땅한 준비라며 강요했다. 그 강요에는 지금 이것도 못 해내면 앞으로 계속 뒤처지다가 결국에는 인정받지 못하는 삶을 살지도 모른다는 나의 불안이 숨어 있었다.

아이는 그 불안을 고스란히 읽어내고 남들과 자신을 비교했다. 남들보다 학습 내용을 습득하는 속도가 느려 마음대로 되지 않을 때마다 스스로를 못마땅해했다.

사실 한편으로는 자기 뜻을 굽히지 않고 목소리를 내는 아이가 대견하면서도 멋졌다. 나야말로 어린 시절에 부모로부터 무한한 신뢰를 받으며 제 멋대로 차분차분 성장해가는 친구들을 보며 가슴이 시리지 않았던가. 그때의 감정은 질투라기보다 명백히 부러움이었다. 다음 생에는 저렇게 살고 싶다 생각하기도 했다.

이 악순환을 끊어야 했다. 내가 느꼈던 가슴 시림을 내 아이에게 물려줄 수 없었다. 어린 시절 내가 간절히 바랐던 것을 아이에게 해줘야 할 때였다. 아이의 꿈을 어른의 잣대로 평가하지 않고 그 마음을 무한 지지해주는 것. 부모로서 나의 역할은 이것뿐이었다.

나는 내 아이가 타인의 욕망을 통해 자신을 보는 사람이 되지 않기를 바란다. 자신만의 속도를 인정하고 사랑하며 살기를 바란다. 그러려면 엄마인 나부터 아이가 타고난 기질을 받아들여야 한다. 아이를 내 멋대로 재단하는 어른이 아닌, 아이가 제 멋대로 멋진 인생을 살아갈 수 있는 터전이 되어주는 부모가 되겠노라 다짐했다.

휴직서를 쓰고
시골행을 결심하다

▷

엎친 데 덮친 격 코로나바이러스가 터졌다. 집에서 쌓인 피로는 직장에 출근하면 잠깐이나마 환기시킬 수 있었는데, 이제 온종일 집에서 아이와 붙어 있어야 하는 상황이 되어버렸다.

휴직이 불가피했다. 이왕 이렇게 된 거, 나부터 스스로 감정을 다스리는 삶을 회복하고 아이들과 추억을 만들어보자고 결심했다. 커리어에 미련이 없다면 거짓말이지만, 나는 감정 조절이 어렵고 아이들은 상처받은 상태로 이렇게 시간을 흘려보낼 수 없었다.

힘들 때마다 내가 아이들 나이었을 때, 우리 엄마의 모습을 떠올렸다. 엄마는 우리 세 남매를 낳고 기르는 순간이 행복했다고 말씀하셨지만, 내 기억은 좀 다르다.

나의 부모도 지금의 나처럼 학교 교사였다. 아빠는 인간관계를 중요하게 생각해 지인들과 자주 어울리셨기에 우리와 많은 시간을 보낸 것은 엄마였다. 엄마는 일하면서 우리를 키우느라 고단했을 텐데도 늘 쾌활하게 지내려고 애쓰셨다.

그러나 본인의 능력보다 감당해야 할 현실이 훨씬 고단했고, 충분한 수면과 주변의 배려는 엄마에게 허락되지 않았다. 엄마는 힘들다, 아프다, 잠을 못 자서 괴롭다 같은 말들을 달고 사셨다. 엄마는 정말 진이 빠진 사람처럼 바짝바짝 말라갔다.

너무 힘들어서 주체할 틈도 없이 흘러나왔을 엄마의 "힘들다"라는 말이 어린 나에게는 '우리 때문에 힘들구나. 엄마를 힘들게 하면 안 되겠다. 엄마를 도와드려야겠다'는 일종의 부채감을 심어줬다.

엄마는 우리를 낳아 키우면서 가장 행복했다고 말은 하지만 내 눈에는 하나도 행복해 보이지 않으셨다. 그런 감정이 어린 나의 마음에 깊숙이 자리 잡고 있어 친구들과 놀아도 마음 한편에 엄마 걱정이 남아 있었다. 나만 재밌게 노는 것이 마치 죄 짓는 것처럼 느껴지기도 했다. 그런 불편한 마음이 나를 부지런히 움직이게 하고, 움츠러들게 했다. 부모님이 퇴근하시기 전에 방을 닦으면서도 늘 엄마 눈치를 보는 아이로 자랐다.

내가 타고난 기질이 예민해서 그런 것일 수도 있지만, 부모님을 힘들게 하는 내 존재를 스스로 사랑할 수 없었다. 이와중에 부모님을 기쁘게 해드리고 싶다는 마음에 능력 이상으로 애쓰며 살다 보니 자존감은 당연히 낮아질 수밖에 없었다.

지금 내 나이보다 더 어렸던 우리 엄마가 얼마나 애쓰며 살았을지, 엄마가 된 지금에서야 가늠된다. 나는 엄마보다 몸이 더 약하고 감정 기복이 심해서 "아이고 힘들어, 아이고" 같은 탄식을 숨 쉬듯 해댔다. 그러다 어느 순간 소스라치게 놀랐다. 내 무의식 속에 남아 있던 내 엄마의 모습을 그대로 행하고 있다는 사실을 깨달았다.

나중에 아이들이 컸을 때, "그땐 엄마가 너무 힘들어서 그럴 수밖에 없었어. 미안해"라고 변명해도 이해받고 용서받을 문제가 아니었다. 상대를 이해한다고 상처가 없어지는 것은 아니니까.

휴직서를 내러 가는 길, 나는 다짐했다. 내 몸이 힘들다는 이유로 아이에게 자주, 갑작스럽게 함부로 화내는 태도를 멈추자. 교사와 학생의 거리처럼 아이를 내 소유가 아닌 하나의 인격체로 대하자. 내가 "피곤해 죽겠네" 같은 말을 습관처럼 내뱉어서 정말 엄마가 죽을까봐 불안하다는 아이의 마음을 외면하지 말자.

돈을 버는 것보다, 나를 성장시키는 것보다 아이에게 불필요한 감정적 상처를 주지 않는 것이 더 중요했다. 그러기 위해 우리를 힘들게 하는 주변 환경부터 바꿔보기로 했다. 우리 가족이 가장 우리다운 삶을 회복하고 살아갈 수 있는 곳은 어디일까?

나는 자연 속에서 살고 싶었다. 하지만 삶의 근거지를 갑작스럽게 바꾸기란 쉽지 않은 결정이었다. 한창 돈 벌 나이인데 시골에 내려가, 앉은 자리에서 모아놓은 돈을 몽땅 쓰고 올라와도 되는 걸까? 아이들이 새로운 환경에서 잘 지낼 수 있을까? 다시 도시로 왔을 때 학업 격차가 생기면 어쩌지? 이런저런 현실적인 고민으로 마음이 복잡해졌다.

시골로 가고 싶다는 말에 지인들은 굳이 그렇게 극단적으로 선택할 필요가 있겠냐고 했다. 평일엔 일하느라 애들 못 챙겨주고, 주말에 캠핑 다니고 그러다 좀 더 자라면 좋은 학원 보내며 다들 그렇게 산다고, 지금 돈 벌 수 있을 때 벌어놔야 나중에 아이들을 위해서도 좋은데 왜 굳이 시골까지 가려 하냐고, 결국에는 직장과 교육을 위해 도시로 돌아오게 되어 있다고 말리기도 했다.

다 맞는 말이다. 그런데도 나는 한때라도 아이가 자연에서 뛰어놀며 배우기를 갈구했다. 그것이 우리 삶의 본질이라는 생각이 자주 들었다.

고민이 깊어질 때 즈음이었다. 어려운 시기에 취업에 성공한 제자가 오랜만에 나를 찾아왔다.

"어머니께서 많이 애쓰셨는데 네가 대학도 잘 가고, 취업도 잘해서 너무 좋아하시겠다. 다들 부러워하지?"

"뭐, 엄마는 좋겠죠. 엄마가 원하는 대로 해서 실패는 없었으니까 저도 대체로 만족해요. 그런데 사실 아직도 제가 뭘 원하는지 잘 모르겠어요. 이런 삶이 좋으면서도 칭찬과 인정의 말들이 오히려 저를 구속해요. 내 인생을 부모님 인생인 것처럼 생각하는 것도 부담스럽고요.

혹시나 내가 부모님을 실망시키면 어쩌나 걱정돼 강박증 같은 게 생겼어요. 저는 제 맘대로 선택을 하거나, 실컷 놀아본 적도 없어요. 여자친구를 사귈 때조차 엄마가 마음에 안 든다고 하셔서 얼마 전 헤어졌는걸요.

선생님, 저는 부모가 되면 자식이랑 그냥 많이 놀 거예요. 못 놀았던 제 몫까지요. 그리고 아이에게 남들보다 잘해야 한다고 강요하고 싶지 않아요. 내가 옳다고 생각한 바가 아이 인생에서는 답이 아닐 수도 있잖아요. 부모님이 돌아가시면 제 인생을 좀 살 수 있을 것 같은 불효자의 마음도 있답니다."

놀라고 당황스러웠다. 부모라면 누구나 탐낼 법한 번듯한 이 친구의 속내를 알고 나니 내 아이는 어떻게 키워야 하나 다시 생각하게 됐다.

한번은 수업 시간에 교육 환경에 대한 이야기가 나와서 학생들에게 시골에서 아이를 키우는 것에 대해 어떻게 생각하느냐고 물은 적이 있다. 언제나 수업 태도가 좋았던 모범생인 한 친구가 이렇게 말했다.

"제가 유치원부터 중학생 때까지 연고가 하나도 없는 강원도에서 살았거든요. 아빠는 프리랜서고 엄마는 직장을 그만두고 이사 간 곳에서 아르바이트 하시면서요. 근데 돌이켜보면 저는 그때가 제일 행복했어요."

"그래? 뭐가 그렇게 행복했어?"

"매일 자연 속에서 놀았어요. 그렇게 뛰어놀면서 저에 대해서 알아갔어요. 선생님은 한겨울 강원도 산골에서 눈썰매 타보셨어요? 스릴 넘쳐요. 그런 기억들이 내 몸속에 다 남아서 힘들 때마다 용기를 줘요. '인생에 즐거운 일은 많아. 공부는 내가 즐거운 일을 선택할 수 있게 해주는 하나의 조건일 뿐이야'라고. 부모님께 두고두고 감사하죠."

"부모님은 왜 시골로 가신 거야?"

"아이를 낳으면 꼭 자연 속에서 키우고 싶으셨대요. 부모님이 우리에게 큰 선물을 주신 거죠. 저는 선생님이 그렇게 생각하셨다면 한번 해보셨으면 좋겠어요. 아이들에게 어떤 식으로든 선물이 될 거예요."

자연에서 코로나바이러스 이후 잃어버린 일상을 회복하고, 아이들의 고운 살결을 쓰다듬고, 세상을 보는 아이의 순수한 마음에 동화되고, 강박과 채찍을 내려놓고 너와 나의 존재를 긍정하며 살고 싶다는 마음에 확신이 들었다. 분명 자연은 우리에게 그럴 힘을 줄 것이다. 아이는 자연의 무한한 넓이만큼 성장할 것이다.

그렇게 돈을 더 벌고 싶다는 마음, 경력을 계속 쌓고 싶다는 미련, 사회의 기준대로 아이를 성공시키고 싶다는 욕망을 내려놨다. 못 배워서, 몰라서가 아니라 생활이 팍팍하고 자아를 잃을 정도로 고단하면 누구라도 폭력적이고 괴물 같은 엄마가 될 수 있다. 더 늦기 전에 자연 속에서 검소하게 살며 내적 에너지를 채우고 싶었다. 희망이 솟았다. 나는 상황이 더 나빠지기 전에 '멈춤' 하리라.

그날부터 나는 현실적인 여건을 하나하나 살펴보며 시골행 준비에 나섰다.

○ ## 5도 2촌 생활에서
시골 1년 살이까지

▷

영화 〈리틀 포레스트〉에 나올 법한 여유로운 시골 생활을 동경하거나 자연주의적 생활이 내 삶의 절대 가치여서 시골살이를 결심한 것은 절대 아니다. 단지 지금 내 생각과 감정이 지향하는 바가 자연 속 삶, 느리고 여유로운 시골 생활에 더 적합하기 때문이다.

나는 스무 살에 처음 도시로 올라온 시골 사람이었다. 내게 시골은 이미 오래 살아봤기 때문에 굳이 더 살고 싶다는 생각이 들지 않는 곳, 오히려 전혀 가고 싶지 않은 곳, 따분하고 불편하고 고립된 곳, 퇴직 후 별장 하나 지어놓으면 놀러갈 만한 곳. 딱 그 정도였다.

도시에는 흔하디흔한 대형 마트나 극장 하나 없는, 심지어 롯데리아는 단 한 곳밖에 없었던 경상북도 상주에서 열아홉 해를 보냈다. 무해한 시골 환경은 평화롭기보다 숨 막히는 답답함을 줄 뿐이었다. 크리스마스나 연말연시에도 복닥거림은 찾아볼 수 없는, 그 흔한 대형 트리조차 없는 시골은 적막하다 못해 서글프기까지 했다.

언젠가 연말에 외할머니 댁에 가기 위해 서울로 올라온 적이 있다. 그때 영등포역사 앞에서 대형 트리와 백화점 불빛을 처음 봤는데, 마치 내 인생이 밝아지는 것 같았다. 그 화려한 조명에 들떠 밤의 법칙인 어둠까지 환하게 비추는, 빛 많은 도시에서 살겠다고 마음속으로 선언했다.

그 선언대로 도시에서 둥지를 틀고 살면서 많은 순간 행복했다. 학업, 취업, 관계 속에서 지칠 때마다 내게 위로를 주는 것은 날것의 자연이 아니었다. 쇼핑몰 층층이 놓인 물건, 또래들이 모인 동호회와 술자리의 소란, 해외여행이 주는 해방감 같은 것들이었다. 그 속에 있으면 내가 시골 출신이라는 것도, 내게 묻은 촌스러움도 잊고 뼛속까지 도시 여자가 된 것만 같았다.

그런데 아이를 낳고 키우면서 내 삶의 레이더는 다시 자연, 그러니까 시골로 향했다. 아이와 외출할 때마다 지켜야 할 매너와 주의 사항이 넘쳐나는 도시의 삶에 지쳤다. 밤새 꺼지지 않는 도시의 불빛은 마흔이 된 나에게 오히려 피로를 가중시켰다.

아무리 피곤해도 밝은 어둠 속에서 남들보다 더 뭔가를 해야만 할 것 같은 강박, 쉬고 자는 것조차 시간 낭비라는 죄책감을 가지게 했다. 지칠 대로 지친 내 몸과 마음은 생의 가장 자연스러운 것을 갈구하고 있었다.

처음에는 휴양림이나 시골 숙소에서 자연을 만끽하는 주말 여행으로 시작했다. 일주일 중 5일은 도시에서 일하고 2일은 시골에서 휴식하는 5도2촌의 삶을 꽤 오래 살았다. 그렇다. 나의 시골행은 어느 날 갑자기 모든 사태에 번아웃이 와서 충동적으로 선택한 것만은 아니었다.

삭막한 도시에서 느꼈던 답답함을 끌어안고 자연 속으로 들어가는 순간, 자연은 말없이 그것들을 모조리 가져가주었다. 그렇게 빈 머리와 마음으로 달을 보고, 불을 보고, 물을 보며 멍하게 있다 보면 조바심 냈던 문제들도 별일 아닌 것들로 치환되곤 했다.

이외에도 남편과 나의 휴가 기간에는 오래 대한민국 방방곳곳을 다니며 자연 속에서 짧게는 열흘, 길게는 한 달 이상을 머물렀다. 우리 가족은 자연 속에서 스스로를 유배함으로써 시골이 주는 색다른 매력에 빠졌다.

그러나 이렇게 도시와 시골을 일주일에 한 번씩 오가면서 나는 또 다른 벽을 만났다. 분명 시골에 도착하면 너무 좋았으나, 시골에 가기 위해 짐을 꾸리고 풀고 다녀와 다시 정리하는 것은 엄연한 노동이었다.

주말마다 여행지를 검색하고, 필요한 시설을 예약하고, 그곳까지 운전해서 가고, 아이들과 놀고, 치우고, 마무리 정리까지 하는 모든 과정은 엄마인 나에게 또 하나의 과업이었다.

주말 시골 여행이 의무가 되고, 기껏 다녀와도 무리했다는 느낌이 들어 몹시 피곤했다. 그렇다고 이제 와서 주말 여행을 멈추자니 아쉬웠다. 어디로 떠나지 않는다고 해서 아파트에서 쉬는 것도 아니었으니 특별한 이벤트가 없어도 치워야 할 것은 늘 많았다. 밀린 일들을 하다보면 어디에서든 주말이 허무하게 끝나갔다.

준비 과정은 힘들지만 자연 속으로 들어가 '아무것도 하지 않고 오롯한 쉼'을 가지느냐, 도시의 아파트에서 '편리하지만 편안하지 않는 쉼'을 가지느냐는 월요병과 함께 찾아오는 새로운 한 주의 가장 큰 고민이었다.

자연에 대한 갈망이 컸던 만큼, 당장이라도 시골에서 사계절을 보내러 내려가고 싶었다. 하지만 삶의 터전을 아예 농촌으로 옮기는 선택을 단박에 하기란 쉽지 않았다. 그래서 우선 도시의 집은 그대로 두고 1년만 시골에서 살 만한 집을 찾아보기로 했다.

처음에는 시골에서 1년짜리 집을 구하기 힘드니 일단 소자본으로 땅을 사서 농막으로 초소형 별장을 만들까 생각했다. 농막은 농사에 편리하도록 농지에 가까이 지은 간단한 건축물이다. 귀농·귀촌에 관심이 많아진 만큼 농막 설치가 늘고 있고, 인터넷에서 농막 구입에 대해 알아보니 자연 속에서 휴식을 즐길 수 있도록 단순하고 실용적인데 멋스럽기까지 했다.

그러나 농막의 목적이 간이 농업용 시설인 만큼 6평까지만 임시 휴식 시설로 쓸 수 있고, 평수와 상관없이 주택이나 별장으로는 쓸 수 없었다. 전입신고 또한 위법 사항에 해당된다. 우리는 안전한 주거지가 필요했기 때문에 소박하고 간편해 보이는 농막은 포기하기로 했다. 시골살이를 결심하면 이렇게 따져봐야 할 현실 조건들이 많다.

그때는 미처 귀촌·귀농과 관련해서 지자체에 문의할 생각을 하지 못했는데, 각 지역 지자체별로 농어촌에서 살아보기와 관련한 거주지 지원 제도가 마련되어 있다.

결국 빈집을 고쳐서 살자는 쪽으로 마음이 기울었다. 그렇게 찾은 우리의 시골집은 전통 생활 방식이 남아 있는 곳이라 아파트 생활이 익숙한 나와 아이들에게는 분명 큰 도전이었다.

난방이 잘 안 되는 흙집인 데다 온수까지 잘 나오지 않았다. 심지어 비가 오면 새는 곳도 있었다. 모든 게 완벽하게 갖춰져서 바로 들어가서 살기만 하면 되는 아파트와는 거리가 멀었다.

나보다 아이들이 느낄 괴리감이 걱정이었다. 하지만 이왕 시골살이를 결심했으니, 아이들에게 이곳에서의 삶을 또 다른 모험으로 만들어주고 싶었다. 박노해 시인의 에세이 《걷는 독서》(느린걸음)에 이런 말이 나온다.

"우리가 아이들에게 빼앗아버린 가장 소중한 것은 '결여'의 힘이다. 결여만이 줄 수 있는 간절함, 견디는 힘, 궁리와 분투, 강인한 삶의 의지다."

돌이켜보면 내 인생에서 가장 곤궁하고 어려웠을 때 삶의 강한 의지가 들끓었고, 그 의지로 내 삶을 스스로 성장시킬 수 있었다. 시골집에서 불편하지만 불안하지 않는 삶을 살다보면 아이들도 결여만이 줄 수 있는 간절함과 견딤의 힘을 맛볼 수 있지 않을까.

언제까지 시골에 있을 거냐고, 학교는 어떻게 할 거냐는 주변의 물음에 나는 대답할 수 없었다. 나도 어떻게 될지 모르니까. 생각보다 시골의 삶이 힘들고 별로 안 맞을 수도 있고, 기대보다 더 좋을 수도 있지 않은가. 일단 1년을 생각했는데, 그다음은 아이들이 어디에서 학교를 다닐 것인지 직접 선택하는 대로 나도 결정할 것 같다고 답했다.

차라리 1년만 있다가 돌아온다고 하면 오히려 계획대로 되는 것이고, 학교도 원래 사는 아파트와 가깝고 동네 친구들도 다니는 곳으로 가면 되니 문제가 없다. 시골이 좋아 초등학교 졸업까지 하겠다고 하면 여러 복잡한 문제가 생긴다.

지레 고민하고 두려워하지 않고 일단 시작부터 해보기로 했다. 내가 유년기에 너무나 사랑했던 지방 소도시가 청소년기에는 숨

막히게 답답해 탈출하고 싶은 곳으로 바뀌어 떠났듯이, 오래 갈망했던 대도시에서의 삶이 20대 때는 황홀했지만 30대에는 참을 수 없이 팍팍한 공간으로 변모해버렸듯이, 시골이냐 도시냐 이분법적으로 나누어 생각하지 않을 것이다.

우리의 상황과 생각, 가치관은 계속 바뀐다. 그때그때 우리의 생각과 감정이 이끄는 대로 또 결정하면 된다. 지금 확실한 단 한 가지는, 우리는 아침저녁으로 삶을 일깨우는 신선한 공기 속으로 들어가 자연으로부터 회복력을 얻고 싶다는 것뿐이다.

무슨 돈으로
시골에서 먹고살지?

▷

"아이들 어학연수를 위해서 해외에 한 달이나 1년, 혹은 이민까지 가기도 하잖아요. 나에겐 시골에서 한 시절을 보내는 것도 그런 의미예요. 해외 어학연수가 아이들에게 해외 문화를 경험하고 외국어 능력을 기르기 위해 가는 거라면, 시골 유학은 아이가 자연 속에서 유년기의 감수성을 기르는 거죠. 요즘 교육 과정에서 생태 학습을 밀고 있기도 하고요. 지역 방언을 배우면 어휘력 향상에 좋고, 작은 학교는 학비가 전액 무상이라고 하니 더 좋지 않아요?"

남편은 시골 유학을 해외 어학연수에 비하는 나를 의아한 듯 쳐다보다가 대답했다.

"당신이 그렇게 생각하면 그렇게 해요. 나는 옆에 못 있어주니까 당신이 조금이라도 편하고 원하는 방식으로 아이들과 지내요."

남편의 말투에는 기꺼운 응원이라기보다 의견 충돌을 피하고 싶어 하는 체념이 묻어났다. 아이들 또래 엄마들은 목동이나 강남으로 학군 갈아타기를 하려고 하는 마당에 시골이라니, 영 못마땅한 낯빛이었다.

"이제껏 돈 벌면서 아이 키우느라 힘들었으니 자기도 챙기면서 좀 쉬어요. 내가 돈 벌잖아."

그래도 남편은 돈 걱정은 하지 말라며 나를 다독였지만, 어디에 살든 숨만 쉬어도 돈이 나가는 게 현실이었다. 시골에 가기 위해 필요한 돈, 시골에 가서 써야 하는 돈, 그러나 휴직하고 나면 복직하기 전까지는 당분간 없을 내 돈….

"일을 쉬는 동안 용돈 벌이 할 만한 걸 찾아봐야겠어요. 휴직하기 전까지 당신 월급은 자기가 생각한 대로 재테크 하고, 내 월급은 생활비로 쓰면서 시골 생활을 위한 자금도 모아볼게요."

남편은 평소 경제나 금융에 대한 이야기만 나오면 머리 아프다고 대화를 회피했던 내가 앞장서서 경제 공부를 시작하니 시골로 간다고 했을 때보다 더 놀란 눈치였다.

우리 부부는 재테크가 능력이 된 시대에도 열심히 모으는 것이 미덕이고, 노동의 가치가 진정한 삶의 가치라고 믿는 부류에 더 가까운 삶을 살고 있었다. 주식을 해서 부자가 됐다는 이야기를 신뢰하지 않으며 꼬박꼬박 월급을 모아 대출금 갚는 재미로 사는 서민이기도 하다. 동시에 건강한 가정을 유지하려면 자본이 있어야 함도 너무나 잘 안다.

우리는 가난 속에서도 우아함을 잃지 않으려 살아왔지만 생계가 흔들리면 서로를 향한 원망감도 어쩔 수 없이 깊어지고, 고단함을 덧입은 불행이 순식간에 평범하고 순박한 사람들에게도 찾아올 수 있다는 것을 이미 경험해봤다.

그렇기에 건강할 때 돈을 벌어야 한다는 강박이 시골행을 결심하는 데 걸림돌이 되었다. 내가 지금 조금만 더 참고 일과 육아를 병행하면 앞으로 도시에서의 삶이 팍팍하지 않을 텐데, 라는 기회비용에 대한 미련도 자주 들었다.

남편이 주는 생활비의 출처는 1년의 대부분을 바다 위에서 위험하게 일한 대가로 받는 월급이다. 절대 마음 편히 쓸 수 없는 돈이다. 결혼하고 크게 싸운 어느 날 밤, 남편은 처음으로 배에서 일하며 느껴온 두려움을 내비쳤었다.

수십 미터로 솟구치는 파도도 무섭지만 칠흑같은 밤바다의 고요는 견딜 수 없이 두렵다고 했다. 때로는 각국의 이권 관계 때문에 억류되기도 하고 해적에게 피랍되기도 한다.

예기치 못한 사고로 동료가 크게 다쳤을 때에도, 목숨을 걸고 일해야 하는 업무 환경에도, 폐쇄된 공간에서 극한 노동을 할 때마다 밀려오는 고립감과 우울감도 모두 힘겹지만 그래도 가족을 생각하면 힘이 나니까 참고 일할 수 있다고 했다.

그런 대화를 나누는 밤이면 내 마음은 한뼘 성숙해진다. 그렇기에 누가 뭐라고 하진 않았지만, 시골에서 살며 내 하루를 행복하게 만들어줄 작은 사치 정도는 내 힘으로 해결하고 싶었다.

그날부터 준비 기간을 1년으로 잡고 단단히 마음먹고 돈을 아꼈다. 이왕이면 경제적 부담도 내 노력으로 매우고 싶었다. 옷과 신발은 지인들에게 물려받았고 누군가 버려둔 책이 있으면 가져와 깨끗이 닦아 애들에게 읽혔다. 하지만 이렇게 알뜰살뜰 소비를 줄여 모은 돈으로는 시골 생활 1년도 빠듯했다.

남편에게 최소한의 생활비만 받으면서도 쪼들리지 않는 생활을 하기 위해 뭘 더 할 수 있을까 고민했다. 운전하는 틈틈이 경제 강의를 들으며 주식과 부동산에 대해 공부했고, 상식선에서 투자를 해 배당금이 나오도록 해놓았다.

가장 큰 투자는 나에게 하는 것이라 생각해서 내가 잘할 수 있는 분야에 대한 자기계발도 꾸준히 했다. SNS와 블로그를 키워 각종 서포터즈 활동을 통해 소소한 커피 값 정도를 벌게 되자 시골 생활이 더 기대됐다.

시골에 내려와 나와 비슷한 환경 속에서 귀촌을 선택한 사람들을 만나보니, 그들 역시 시골살이를 선택할 때에 가장 큰 걸림돌이

돈이었다. 특히 일자리와 주거지 문제가 컸다.

오히려 아이들 교육은 온라인 학습의 공급이 많아져 시골에서도 질 좋은 인터넷 강좌를 들을 수 있고, 작은 학교가 주는 혜택도 많아 승마, 수영, 목공예, 골프 등 도시 교육에 뒤지지 않는 교육을 무료로 받을 수 있어 좋았다.

이웃의 이야기를 들어보면, 지자체로부터 귀촌 보조금 지원을 받아 사무실, 주거지를 얻고 소자본으로 창업을 할 수 있었다고 한다. 자격 조건에 맞지 않아 지원을 받지 못하는 경우에는 모아둔 돈으로 카페나 서점, 옷가게, 식당, 빵집 등을 시작하고, 자기들만의 귀촌 스토리를 SNS에 기록해가며 로컬 크리에이터로서 삶을 살아가기도 했다.

나 역시 시골 생활을 블로그와 브런치에 기록해두었던 것이 계기가 되어 방송도 출연했고, 귀농귀촌종합센터의 동네 작가로 활동하면서 지금 이 책도 쓰고 있다.

잘 찾아보면, 농사에 관심 있는 사람들을 위한 무료 귀촌 교육도 있다. 공유 농사 형식으로 일정 참가비를 내고 직접 농사에 참여해 수확까지 경험해보면, 귀촌이 나에게 맞을지 미리 알 수 있다.

도시에서는 높은 임대료나 비슷한 업종의 치열한 경쟁 때문에 엄두를 못 냈던 일을 이곳에서 실현해나가는 사람들이 의외로 많다. 그들은 치열한 도시 생활 끝에 일과 삶의 균형을 찾았고, 소신대로 새로운 삶을 도전해보았다며 그것만으로 가치 있는 도전이었고, 삶이 행복하다고들 한다.

　나도 그렇다. 퇴직 후에나 가능할 거라고 생각했던 전원생활을 미리 겪어봄으로써 어떻게 살아야 할지, 무엇을 더 준비해야 할지 연습해볼 수 있었다. 한 살이라도 젊고 열정적일 때 미래를 기다리지 않고, 지금 소신대로 살아보는 것. 그것은 경제적 이점으로만 따질 수 없는 무형의 가치를 준다. '내 삶은 나의 것이다. 내가 만들었고 계속 만들어갈 것이다'라는 확신이다.

　세포 하나하나에 새겨진 이 경험이 삶의 내공이 되어 더 잘 살아가리란 믿음은, 당장 눈앞의 경제적 득과 실을 따지는 것보다 분명 더 값어치 있다.

아이의 말

첫째 선후를 유난히 많이 혼난 날,
아이는 울면서 자신의 마음을 터트렸다.

"아빠는 내 마음을 알아? 아빠는 마음 바보야.
내 마음도 모르는 마음 바보!
엄마한테 혼나면 나는 내가 싫어져요.
나는 내가 엉망진창인 것 같고, 바보 같고,
말썽쟁이가 된 것 같아서 떠나고 싶고,
없어져버리고 싶어요.
마음이 뾰족해지고 기분이 엉망이 되고.
나도 이런 내가 아니었으면 좋겠어요."

2장
—
불편함의 미학

○

제주, 부산 말고
경상북도 상주

▷

아이와 나의 한정되고 소중한 시간을 어디에서 보내면 좋을까? 아이에게 행복한 유년기를 심어주고, 나도 회복의 시간을 가질 수 있는 다정한 공간은 어디일까? 아이들이 인구 밀도가 낮은 곳에서 불안과 두려움 없는 일상을 보내면 얼마나 좋을까. 볼거리가 많아도 너무 많고, 사람들의 소음도 가득해 덩달아 마음이 들떠 에너지가 소진되지 않는 곳이 필요했다.

코로나바이러스 때문에 사람들과 거리두기도 해야 하고 바깥 생활에 제약도 받고 마스크를 써서 상대의 표정을 읽는 것도 어려운 시대지만, 그 상황 속에서 할 수 있는 것을 하고 싶었다.

인터넷에 1년 살이나 한 달 살이를 떠난 사람들의 기록을 검색해 보니 대부분 제주나 부산, 강원도 쪽이었다. 특히나 제주에서의 삶은 국내에서 이국적인 분위기를 느낄 수 있다는 점이 매력 있었다. 이주민이 많은 도시라서 커뮤니티 형성이 잘되어 있고, 아이들 교육 환경도 좋아 선택의 폭이 넓다는 것도 마음에 들었다.

맑은 바닷가에서 다양한 체험을 즐기며 제주살이 하는 사람들의 사진을 보며 고단한 도시 노동자로서의 삶을 마무리하는 밤. 나의 마음은 어느덧 제주 어딘가로 향하고 있었다. '제주에 가면 매일 올레길을 걸으며 내 몸에 붙은 싫증과 불만들을 털어낼 거야. 가볍고 단순하게 생활을 가꾸며 내 삶의 본질에 집중할 거야.' 아름다운 자연과 맛있는 가게, 멋진 카페가 굽이굽이 있는 제주도에 가기만 하면 모든 고민이 해결될 것만 같아 한껏 들떴다.

바로 제주 출신 친구에게 조언을 구했다. 1년 살이를 위해 어느 마을에 집을 구하면 좋겠느냐고 묻자, 그녀는 단박에 나의 제주행을 반대했다.

제주는 전세가 아닌 연세 개념이라 집을 구하는 데에만 여유 자금 대부분이 쓰일 것이고, 누구나 꿈꾸는 바닷가 옆 제주살이는 아이들을 혼자 키워야 하는 엄마가 주거하기엔 편의 시설이 너무 멀리 있어서 불편하다는 이유에서였다. 또한 급한 일이 생겼을 때나 혼자 어린 아이 둘을 데리고 비행기 타고 육지로 나가야 하는 것도, 위급 시에 아이들을 맡길 지인이 없다는 문제도 생각해봐야 한다며 꽤나 현실적인 조언을 해주었다.

　귀 얇은 나는 그녀의 논리에 고개를 끄덕이며 원점으로 돌아와 속초, 강릉, 부산 등 다양한 곳을 검토해보기로 했다. 그때 마침 친동생이 집에 놀러와 고민을 털어놨다.

　"이것저것 따질 게 많아지니까 다시 원점으로 돌아온 기분이야."

　"언니. 엊그제 내가 한 일도, 오늘 당장 해야 할 일도 자꾸만 잊어버리는데, 왜 힘들 때마다 어린 시절 기억이 선명하게 떠오를까? 아이들이 간직하고 살아갈 유년 시절의 풍경이 무엇이면 좋을지에 집중해봐. 더 많은 것에 구속받기 전에, 언니의 용기가 사라지기 전에 말이야. 언니가 어떤 선택을 하든지 나는 박수쳐줄게."

　여동생이 돌아간 뒤, 나는 왜 한 시절을 시골에서 아날로그로 보내려고 하는지 다시 한번 생각해보았다. 지방 소도시에서 보낸 내 유년기는 내게 어떤 의미로 남아 있는 걸까? 고만고만한 이웃들끼리 살면서 상대적 박탈감 없이, 자연의 너른 품에서 작고 다양한 생명을 보며 자란 유년의 정서는 분명 삶에 어떤 식으로든 도움이 되었다.

　그 경험을 아이들에게도 안겨주고 싶었다. 주변을 둘러보면 푸른 기운이 가득하고, 다정한 이웃 어른들이 계셔서 타인의 정을 느낄 수 있고, 별 특별할 것 없는 자연 속에서 아이들이 놀거리를 스스로 찾고, 자신들을 둘러싼 자연환경과 이웃 사람들을 느긋하게 마주할 수 있는 곳이면 되었다. 그래서 의도적으로 배우려 애쓰지 않아도 자연이 주는 경이로움과 깊은 생명력을 자연스럽게 체득하면 좋겠다는 생각이 들었다. 내가 그렇게 자랐듯이.

아이들의 생각이 궁금해 지금껏 우리가 여행을 다닌 곳 중 어디가 가장 기억에 남느냐고 물어보았다. 아이들은 어김없이 비행기를 타고 갔던 제주도나 필리핀 같은 곳이 특별했다고 꼽았다.

무엇이 좋았냐고 물으면 비행기를 타고 기내식을 먹었던 일, 깔끔한 호텔에서 수영하고 맛있는 음식도 먹었던 일, 밤이면 호텔에서 자신들이 좋아하는 디즈니 영화를 봤던 일 같은 것들을 말했다. 그야말로 여행자의 기억이었다.

"그럼 우리가 해외에서 살 수는 없으니 제주도에서 한 해를 지내볼까?"

"아니요!"

"엥? 방금 제주도 좋다고 했잖아."

아이들이 볼거리도 충만하고 체험할 것도 풍부한 제주를 당연히 선호할 줄 알았는데, 의외의 대답이 돌아왔다.

"제주도는 좋긴 한데 여행 갈 때만 좋았어요. 살고 싶은 곳으로는 또 달라요."

"부산은? 아빠가 부산에서 일할 때 선후가 돌 때부터 세 살 될 때까지 2년 살아봤잖아. 진우도 부산에서 태어났고."

"부산도 좋긴 한데, 나는 상주에서 살고 싶어요."

둘째 진우도 형의 말에 동조하며 고개를 끄덕였다.

"상주가 왜 좋아? 별것 없잖아."

"엄마는 뭘 모르시네요. 왜 별게 없어요. 거기가 얼마나 신나는 것투성이인데."

"맞아요. 벌레도 많고 숲도 있고 계곡도 있고 조용히 놀러갈 비밀 장소도 많아요."

아이들은 눈 돌아갈 만큼 새롭고 근사한 곳으로 여행 가듯 사는 일상보다 밋밋한 자연 속에서 매일 새로운 놀이를 만들어가는 것을 더 좋아했다. 어른의 눈으로 봤을 땐 볼 것 하나 없는 곳이지만, 아이들에게는 칠흑같이 어두운 밤도, 산 밑 마을을 굽이굽이 도는 바람의 숨결도, 그 밤을 가르는 짐승의 처절한 울음소리도, 비가 오면 어디선가 갑자기 나타나는 지렁이와 개구리도, 봄부터 가을까지 식물들이 쉼 없이 피고지다 겨울 되면 모두 잠드는 것도 모두 새롭고 재미난 성찰의 대상이었다.

나의 고향, 상주가 그리도 재밌는 곳이었던가. 나도 아이들의 눈으로 상주를 다시 보기 시작했다. 상주는 내가 고등학생 때까지 살았던 곳이다. 결혼하고 나서도 부모님이 이사를 가시기 전까지 아이들을 데리고 자주 찾았던 만큼 우리 가족의 추억도, 나의 유년 시절 추억도 곳곳에 숨어 있다.

바쁜 하루하루를 소화하기도 벅찬 도시 생활자로서 굳이 시간

내어 찾아올 만큼 볼거리, 놀거리가 뛰어난 곳이라 생각하지 않았다. 도시의 삶이 좋아 떠났던 이곳을 아이들의 눈으로 보니 새로웠다.

냇물이 흐르고 논밭이 끝없이 펼쳐져 있고 아기자기한 산이 많은 상주에서는 마음만 먹으면 마크 트웨인의 소설 《톰 소여의 모험》에 나오는 것처럼 우리들만의 흥미진진한 모험을 할 수 있을 것 같았다. 프랜시스 호지슨 버넷의 소설 《비밀의 화원》의 주인공 메리가 비밀 화원을 일구며 부모로부터 받은 상처를 치유하고 동심을 되찾았듯, 병약하고 소외된 삶을 살았던 콜린이 정원에서 건강을 회복했듯, 우리만의 비밀로 가득 찬 내밀한 화원을 만들 수 있을 것 같았다.

우리를 둘러싼 환경이 다정하고 친절할 때 건강한 생각을 할 수 있다. 그렇다면 아이들이 원하는 곳에서 한 시절을 보내는 게 좋지 않을까. 아이들이 다정하다고 생각한 곳이라면 분명 나름의 이유가 있을 것이다.

'볼거리, 놀거리가 너무 많아 의무처럼 느껴지지 않을 밋밋한 곳', '아이들이 놀 만한 장소와 시간을 기꺼이 마련해주는 학교가 있는 곳', '여차하면 도와줄 수 있는 남동생이 살고 있는 곳', '아이들도 살고 싶어 하는 곳'을 추려보니 답이 나왔다. 우리는 상주로 갈 것이다.

80년 된 농가에
짐을 풀다

▷

　　　　일단 시골에서 아이들과 1년만 보내자는 마음을 먹었을 때, 상주엔 전셋집이 없었다. 낡아가는 지방 소도시에도 아파트는 무지막지하게 생기고 있었으며 인구수가 적어 실 거주를 위한 매매 위주로 거래가 이루어진다고 했다.

　아이들 유치원부터 입학 신청을 해놓고 기다렸으나 끝끝내 전셋집이 나오지 않아, 낡고 낡은 80년도 더 된 빈 농가에 들어가기로 했다. 시골집이 너무 작아 우리 짐을 다 들일 수 없어 정말 필요한 것만 여행용 캐리어에 넣어 갔다.

　아파트는 일정한 크기로 방을 분할해 사용하고 발코니는 내부화하여 확장하는 구조로, 주로 집 내부에서 사는 방식이다. 반면 시골집은 외부 생활에 거리낌이 없다.

이 집은 전통적인 시골집 형태로, 실내 공간 하나에 앞뒤로 다양한 외부 공간이 붙어 있었다. 전형적인 삼간초가三間草家 구조로 각 채가 나눠져 있으면서 동시에 모두 연결되어 있다. 두 개의 아주 작은 방과 아궁이가 있는 옛 부엌, 그 옆에 다락이 있는 구들방이 이어졌으며 두 개의 툇마루와 별채가 있다.

대문이 있지만 돌담 한편을 허물어 아이들이 다니도록 샛길을 만들면 집 바깥과 쉽게 소통할 수도 있다. 훗날 이 낮은 돌담 위에는 이웃들이 나눠주는 채소와 과일이 그날의 선물처럼 올려 있기도 했다. 전체적으로 낡은 모양새지만 그 공간에서 아늑함과 건강함을 느낄 수 있는 옛집이다.

"엄마, 우리 집은 예쁘지만 너무 불쌍해. 너무 오래되고 늙어서 무너질까봐 걱정돼."

새로 지어 튼튼해 보이는 집을 구할 수 없어 어쩔 수 없이 한 선택이었지만, 낡은 집의 매력에 빠진 나와는 달리 아이는 시골집의 조그맣고 낡은 모양새를 보며 심각한 얼굴로 걱정했다. 물론 그러기도 잠깐이었지만. 아이들은 위채 다락을 오르락내리락하며 장난을 쳤고, 툇마루에 앉아 바람을 느끼는 그 시간을 진심으로 즐겼다.

그렇게 얼마간 도시의 아파트와 시골집을 오가며 지내고 있는

데, 이 이중생활을 청산할 기회가 생겼다. 깔끔한 전원주택에 전세자리가 생긴 것이다. 그런데 선뜻 마음이 내키지 않았다.

우리의 짐도 다 들어오지 못해 최소한의 짐만 두고 사는 좁은 공간, 뭘 하든 동선이 길게 늘어지는 불편하고 오래된 공간이 자꾸만 특별하게 느껴져서 귀한 전세 매물을 두고 종일 고민했다. 아파트와 다름없는 편리한 실내 생활을 하기 위해 굳이 시골로 온 것은 아니니 좀 불편하게 살아볼까 싶은 모험심이 들썩거렸다.

우리가 편한 것을 추구할수록 지구의 환경은 나빠지고 있는 요즘, 좀 더 지구에 이롭고 다정한 방식으로 살아보고 싶다는 마음이 점점 커졌다. 우리가 불편하게 사는 일을 어느 정도까지 참을 수 있을까, 그런 생활에서 얻는 것은 무엇일까도 궁금했다.

방에서 다른 방으로 넘어갈 때마다 발에 걸리는 높은 문턱의 존재감, 날씨를 그대로 반영해 겨울이 올 때쯤엔 한기가 스미는 화장실. 이런 불편함은 동전의 양면처럼 뜻밖의 재미도 선사했다.

바람과 소리의 드나듦이 자유로운 흙집에서 아이들은 모든 생명에는 개체 고유의 소리가 깃들어 있다는 것을 알았다. 특히 적막한 밤이면 우리 집은 사람 소리가 아닌 것들로 가득했다. 외로운 고라니의 울부짖음, 길고양이의 교태 어린 울음, 지붕으로 무겁게 떨어지는 빗방울의 존재감.

우리를 둘러싼 소리를 통해 자연의 존재를 깨닫는 순간 우리는 이야기꾼이 된다. 아이들은 이야기를 만들어내고 나 역시 추억에 젖어 얼른 글 쓰고 싶어졌다.

마당을 둘러싼 작은 방들과 많은 문은 불편하면서도 동선을 다채롭게 만든다. 몸을 움직이는 만큼 바깥을 만나는 시간이 늘어나고, 자주 바깥을 만나는 만큼 신선한 공기와 자연을 만나게 된다. 움직이는 만큼, 걷는 만큼 자연을 누리게 된다.

이런 사소한 불편함은 편리함만 추구하던 우리에게 삶의 방식을 다시 생각해보도록 일깨웠다. 생활의 불편함을 의식할 때마다 다시 한번 대상과 주변을 자세히 봤다. 불편함은 생각하게 하고 성찰하게 하고 끝내 대안을 내놓게 하는 사고 과정을 동반했다.

신경 쓸 것이 많은 도시에서는 더 이상 생활 방식에 의식적 사고를 하지 않아도 되었다. 그 어떤 에너지도 쏟고 싶지 않았기에 작은 불편도 참지 못했었다. 그래서 시골에서의 일깨움은 얼마간 생경하게 다가왔다.

생활에 크고 작게 신경 쓸 것이 생기면 짜증부터 나서 돈을 들여 재빠르게 불편을 해소했던 나는 점차 이 느리고 복잡한 사고과정을 즐기기 시작했다.

편하고 쾌적해서 나에게만 이로운 방식으로 생활을 하고 있진 않는가, 타인의 시선을 의식해 더 많은 소비를 자진하고 있지는 않은가, 내 집에는 어떤 철학이 있는가, 나는 도대체 어떻게 살고 싶은 걸까, 미래에 어떤 집에서 어떤 모습으로 살고 싶은 걸까, 그렇게 살기 위해서는 지금 어떻게 살아야 하는 걸까. 이런 생각들을 꼬박꼬박 하게 만드는 불편함의 미학에 어느새 나는 매료되었다.

　시골집의 불편함은 아이들에게도 뜻밖의 선물을 주었다. 그동안 집을 짓고 고치는 일은 전문가의 영역이라 생각해 나는 무조건 업체 전문가를 찾아 하자 보수를 하는 것이 마음 편했다. 아이들이 집에 낙서를 하거나 자신들의 편의에 맞게 손을 대면 집이 망가진다고 혼내는 삶을 살았었다.

　그런데 여기 마을 사람들은 자신의 생각대로 집을 고치며 살아가고 있었다. 우리 시골집도 마찬가지였다. 아이들은 놀이처럼 불편한 집을 보수하고 고쳐나가며 사는 재미에 푹 빠졌다.

　전직 미술 교사였던 친정 엄마는 아이들이 다치면 안 된다며 집을 뚝딱뚝딱 고치셨다. 흙으로 된 외벽이 부서져 내리면 작은 자갈과 황토를 섞어 그 틈을 메웠다. 동네에 버려진 타일 조각을 폐기물로 버릴 바에 재활용하자며 망치로 두드려 깨서 꽃이나 나무 모양으로 벽에 붙이기도 했다.

　그 모양이 예뻐 오래 시선이 머물렀다. 다음 폐타일 작업 도안은 아이들이 구상했다. 고양이나 강아지 무늬를 넣고 싶다고 했다가 무서운 괴물을 넣고 싶다고도 했다.

　뿐만 아니라 부모님께서는 대문 앞에 바로 도로가 있어 위험하니 아이들을 위한 뒷길을 만들어주고 싶다며 놀러 오실 때마다 돌담을 허물었다. 남편은 돌계단을 만들어주었다. 마당 안에 만든 돌

길이 흔들거려 아이들이 넘어지면 우리는 시멘트를 물에 개서 아이들과 놀이처럼 돌 틈을 메우기도 했다.

아이들이 자기들만의 놀이방이 필요하다고 해 낡은 창고를 허물고 함께 오두막도 지었다. 아이들은 아기 돼지 삼형제가 집 짓는 이야기를 들먹이며 바람이 불어도 허물어지지 않기 위해 어떤 재료로 지어야 할지 심사숙고 했다. 일곱 살 첫째는 오두막을 짓기 위해 조심스레 망치질을 배우기 시작했고, 나무에 붙인 벽지가 떨어지면 목공 풀로 붙이기도 하며 집을 자기 생각대로 만들어나갔다.

노작 교육과 예술 교육, 생활 교육의 경계가 없는 삶이 이루어진 것은 다 낡은 집에 산 덕분이다. 어른들이 생활의 불편함에 대해 생각하고 의논하고 고쳐나가는 모습을 지켜보며 아이들도 자연스럽게 집에 대한 주체성을 가졌다. 내가 사는 집은 주어진 대로 맞춰 살지 않아도 되며, 내 생각대로 고치고 꾸미며 살아가는 곳이라는 생각을 가지게 됐다.

아이들과 뚝딱뚝딱 놀이처럼 집을 고치고 방으로 들어와 쉼을 청한다. 아이들과 내가 자는 방은 사실 소가 살던 외양간이었다. 이 집의 원주인인 할아버지는 경주의 문화재를 수리하던 기술자였다고 한다. 할아버지가 소를 팔고 빈 외양간을 뜯어고친 삐뚤삐뚤한 흙방에 누워서 눈이 크고 순한 소를 상상해본다.

무해한 눈망울의 순한 소. 그 소를 닮은 아이들이 내 옆에서 뒹

굴다가 커다란 창문 밖의 산봉우리들을 바라보며 묻는다.

"엄마, 어디가 문필봉이야? 전에 할아버지가 우리 집은 문필봉이 딱 보인다고 했잖아."

부모님도, 동네 어르신들도 우리 집은 기운이 맑고 문필봉이 딱 보이는 집이라서 아이들이 잘될 집이라고 하셨다. 나는 첩첩산중에 어느 것이 문필봉인지 모르나 그 말에 괜스레 마음이 든든해져서 아이들과 더 신나게 놀곤 했다.

"엄만 잘 모르겠더라. 갑장산 봉우리 중에 문필봉이 어디 있는지 같이 찾아볼까?"

아이들은 나름의 이유를 들며 크고 작은 봉우리를 손끝으로 가리켰다. 그 손끝이 어디인지 시선은 제각각이었지만 상관없었다. 지금 이 순간이 편안했으므로.

그리하여 우리는 머물 수 있는 최대한 여기서 머물기로 했다. 간혹 무너지는 돌담, 하루 종일 손 가는 텃밭, 장마철이면 자주 무너지는 황토벽, 방심한 동안 생긴 쥐구멍. 이런 것들을 일구며 '불편'의 의미를 다시 한번 생각한다. 낡은 집의 불편함은 삶의 방식에 의문을 제기하고 성찰을 돕는다.

나는 어떻게 살고 싶은가, 어떤 삶의 방식으로 아이들을 키워야 하나. 편리함을 좇아 사느라 망가진 자연을 위해 우리가 할 수 있는 일은 무엇일까.

불편한 시골집에서 오랫동안 내가 지니고 있었던 과시와 허영,

탐욕의 감정들은 천천히 수그러들어 내적 성장 에너지로 전환되고 있다. 소박하게 나를 알아가는 시간, 타인을 선입견 없이 바라보는 여유 같은 것들로.

○

로켓배송, 키즈카페
아무것도 없는 일상

▷

　　도시에서는 무엇을 사고 먹든지, 단지 '선택'의 문제였다. 특히 배달은 전화 한 통이나 어플 클릭 몇 번이면 됐다.

　시골에 내려와 늦저녁에 치킨이 먹고 싶다는 아들의 성화에 배달 문의를 했을 때, 외진 이곳까지 배달을 해준다는 곳은 한 군데도 없었다. 결국 나는 무항생제 닭 안심살을 꺼내 튀김옷을 입혀 튀겨주었다. 아이들은 닭이 튀겨지는 기름 소리를 들으며 기다려주었다.

　파는 것보단 식감도 덜 바삭하고 모양도 엉성했지만 아이들은 엄마가 만들어준 귀한 음식이라 생각하며 맛있게 먹었다. 시간과 공을 들인 것을 보면 그 존재가 더 소중하게 느껴지기 마련이다. 하물며 시간과 공을 들여 요리한 음식을 먹는 아이들은 어떻겠는가.

정성 들여 만든 음식을 자주 먹으며 아이들은 음식이 주는 추억을 차곡차곡 쌓아갔다. 와작와작, 오물오물, 꼭꼭 씹어 음식을 먹는 모습을 보며 내가 아이들을 키우는 데 쏟는 정성과 사랑이 그들 안에 차곡차곡 쌓이고 있다는 믿음이 들었다.

시골로 내려오면서 우리는 집밥을 더 사랑하고 즐기는 사람들이 되었다. 먹고 싶은 것이 생기면 외식하는 대신 아이들과 요리책을 보며 필요한 식재료를 텃밭에서 따와 만든다. 우리는 그 수고로움을 놀이처럼 함께 즐겼다.

순한 가정식 요리가 지겨워질 즈음에는 용돈을 모아 아이들과 먹고 싶은 것을 사러 시내로 나간다. 그때마다 마치 특별한 날 외식하는 듯해 들떴다. 더 이상 우리에게 외식은 일상의 피곤에 찌든 부모가 한 끼를 때우려 선택하는 편안한 도피가 아니었다.

우리 집은 배달이 되지 않거나 배달이 오기까지 많은 시간이 걸린다. 로켓배송도 우리 집만큼은 비껴갔다. 인터넷 주문이라도 하면 아무리 빨라도 이틀, 어떨 때는 일주일 넘게 기다려야 했다. 아이들은 그렇게까지 기다려가면서 가질 정도로 진짜 원하는 게 맞는지 곱씹곤 했다. 심사숙고와 인내 끝에 자신이 선택한 것을 품에 안는, 소비 가치를 깨닫는 과정이었다.

장난감도 그랬다. 도시의 우리 집 바로 앞에는 대형마트가 있다.

참새가 방앗간을 그냥 지나치지 못하듯, 우리 아이들은 하원 후 매일 마트에 발 도장을 찍었다. 집에 이미 많은 장난감이 있으면서 아이들은 눈앞에 있는, 아직 가지지 못한 장난감에 마음이 달아올랐다.

그걸 사주면 아이들이 장난감을 가지고 노는 시간 동안 나는 밀린 집안일을 할 수 있으니 서로 아쉬울 게 없었다. 아이들은 일하는 엄마와 떨어진 시간을 보상받으려는 듯 별 고마움 없이 더 자주 장난감을 사달라 했고, 쉽게 손에 넣은 비슷비슷한 장난감에 금세 질려 했다.

우리는 대형마트에서 필요한 물건을 사는 것이 아닌, 피곤을 덜고 욕구 불만을 해소하기 위해 돈을 썼었다. 도시에서 나는 돈으로 좋은 기분을 사는 방식으로 삶을 살았다.

편하고 쾌적하고, 돈이 많이 들고, 원하면 바로 물질적 소유욕이 해결되는 삶. 소유욕을 해소하기 위해 필요한 돈을 벌려고 애쓰는 삶. 소유와 소비를 통해 육아와 직장 스트레스를 해소하지만 근복적인 욕구는 해소하지 못하는, 그 근본적인 욕구가 무엇인지도 모르겠는 그런 생활을 매일 반복했다.

이곳에 오기 전, 이제부터 엄마의 수입이 없기 때문에 소비를 줄여야 한다고 아이들에게 말했었다. 신신당부한 것이 무색하게 아이들은 집 주위에 편의점 하나 없으니 사달라고 조를 수도 없었다.

순간적인 물욕으로 지갑을 여는 대신 생각의 시간을 가지는 생활 습관 덕에 소비 습관도 건강해졌다. 아이는 인터넷으로 주문한 장난감이 생각과 다르면, 실망한 채 버려두기보다 자기가 생각한 것과 똑같은 모습으로 고치기도 했다. 박스나 자연의 부산물을 이용해 장난감을 만들면서 자신의 생각을 덧붙이는 일도 늘어났다.

나 역시 로켓배송이 되지 않으니 오히려 물건 사는 일에 대한 강박을 내려놓게 됐다. 도시에서는 아이들을 재우고 혹시 필요한 것은 없나, 습관처럼 심야 인터넷 쇼핑을 하느라 시간을 낭비했었다. 이제 그 시간에는 혼자 여유롭게 책을 읽거나 글을 쓰며 하루를 마감한다. 꼭 필요한 것은 메모해놓았다가 장 보러 시내 나갔을 때 사고, 없으면 없는 대로 사는 법을 알아가는 재미도 있다.

신기한 일이다. 모든 게 갖춰진 도시에서는 아무것도 가지지 못한 사람처럼 더 많은 것을 갖기 위해 발버둥 쳤는데, 대부분 갖춰지지 않은 시골에서는 이미 충분히 가진 사람처럼 마음이 여유로웠다. 불필요한 소비가 줄어든 자리에서 우리는 '반드시 필요한 것'에 대하여 오래 생각할 수 있었다.

또 하나 좋은 점은, 키즈카페가 없는데도 아이들이 심심해하지 않는다는 것이다. 이곳은 집 안도, 집 밖도, 마을 입구의 너른 솔밭도 모든 공간이 놀이터가 된다. 돈을 쓰지 않아도, 시간에 구애받지 않아도 되는 아이들의 놀이터가 곳곳에 있다. 비가 내리면 내리는 대로, 맑으면 맑은 대로, 추우면 추운대로 아이들은 자연 한가운데에서 뛰어논다.

특히 둘째는 손이나 발에 뭔가 묻는 것을 싫어했다. 찰흙 놀이나 물감 만지기도 극구 거부할 만큼 촉각이 예민한 아이였다. 그런데 이곳에서는 서슴지 않고 지렁이를 만지고 맨발로 신나게 흙길을 걷는다. 굽은 소나무에 올라 드러누워 하늘 보기는 둘째의 취미 중 하나다. 그렇게 아이들은 정형화된 틀에서 벗어나 지겨울 틈도 없이 종일 놀았다.

누구도 마음껏 소리 지르며 뛰노는 아이들을 보며 "조용히 해라", "그만해라" 같은 부정의 말을 던지지 않았다. 마을 어르신들은 산책 나온 길에 마주한 아이들의 소리와 활기를 칭찬하며 그저 바라봤다. "그럼, 그럼. 아이들은 그저 뛰어놀고 밥 잘 먹고 건강하게 지내주면 최고지!"라며 덕담을 건네주셨다. 어른들의 인정과 존중 속에서 아이들은 더 가볍게 훨훨 날아올랐다.

시선을 사로잡는 소비 거리가 도처에 깔렸던 삶, 빠르게 배송되지 않으면 불만이 쌓이던 삶에서 한 발짝 물러나 우리가 마주한 것은 인내에 기꺼이 몰두하는 삶이었다.

그동안 내가 살았던 소비의 삶, 사고 쟁이고 버리는 것에 익숙했던 생활은 허무감을 주기도 했다. 가지기 위해 가지고 있는 것을 스트레스받아가며 소진했기 때문이다.

시간과 기력을 쏟아 일해서 돈 벌고, 그 돈으로 물건을 사고, 욕망했던 바를 가졌다. 그것만 소유하면 행복할 것 같았는데 막상 소유하면 생각만큼 기쁘진 않았기에 또 다른 소비를 저지르는 생활을 반복했었다. 많고 좋은 물건이 결코 우리의 삶을 구원하지 못함에도 삶에 불만이 쌓일수록 소비로 삶을 빛나게 하고 싶었다.

그러나 시골 생활에 익숙해지면서 과시를 위한 소비는 더 이상 내게 의미가 없어졌다. 마음이 편해지자 절로 그런 삶의 형태는 신경 쓰지 않게 되었다. 건강한 음식을 먹고 산책을 하며 생긴 체력 덕에 당장의 편의를 위해 습관처럼 쓰던 돈도 아끼게 됐다.

그저 지금 이 순간에 몰입하는 경험, 추억으로 남을 지금에 투자하고 싶다. 배우고 싶었던 것을 배우는 데 돈을 쓰고, 쓰레기를 줄여 환경에 도움이 될 수 있는 방법으로 장을 보고, 택배 사용을 줄이고 지역의 농수산물을 사용해 탄소 배출도 줄이려고 애쓰고 있다.

아이들은 재활용품으로 장난감을 만들고 모험가처럼 동네를 뛰어다니며 자기들만의 놀이터를 찾는다. 물건이나 편리함으로 채울 수 없었던 풍요로움이 우리를 쉬게 한다. 파랑새는 멀리 있지 않다. 시간과 정성을 들인 음식과 자연으로 나가면 펼쳐지는 놀이가 우리를 행복하게 한다. 파랑새는 바로 우리 옆에 있다.

○

아이가 갑자기 아프면
어쩌지?

▷

시골살이를 고민한다면 가장 중요하게 따져볼 것이 있는데, 바로 건강이다. 가족 중 아픈 사람이 있어 요양차 대도시에서 뚝 떨어진 시골에 올 생각이라면, 단호히 반대하겠다.

내가 사는 상주를 예로 들면, 종합병원을 가려면 시내까지 나가야 한다. 큰 사고라도 나면 인근 광역시의 병원까지 달려가야 하는데, 집에서 대학병원까지는 최소 한 시간 반, 서울의 병원까지는 세 시간 가까이 걸린다.

어린 시절 나는 유난히 병치레가 잦았다. 하지만 시골에는 제대로 진단받을 수 있는 병원 하나 없어 더 큰 도시까지 기차나 버스를 타고 한두 시간 달려가야 했다. 엄마는 퇴근 후 아픈 나를 데리고 병원에 다니느라 무척 고생하셨다.

특히 감기를 달고 살았던 나는 동네에 전문 소아과가 없어 내과를 다녀야 했다. 한번은 의사가 감기나 편도선염이라고 했는데 한 달이 지나도록 낫지 않아 도시의 병원으로 가보니, 단순 감기가 아니라 폐렴성인 데다가 오래 방치해 청각이 손실되기 직전이었다.

요즘에는 시골에도 괜찮은 병원이 많이 생겼지만 그래도 큰 병을 앓을 경우 갈 만한 종합병원은 아직 열악한 편이다. 내가 시골행을 과감히 실천할 수 있었던 이유도 아이들이 건강하기 때문이다. 아이가 아플 경우를 대비해 태아 때부터 보험에 매달 적지 않은 돈을 넣고 있지만, 단 한 번도 보험금을 청구한 적이 없다. 고맙게도 두 아이는 큰 병치레 없이 무럭무럭 자라고 있다.

시골에 내려오면서 아이들에게 말했다.

"이곳은 너희가 크게 다치면 갈 수 있는 병원이 없어. 그러니 너희 스스로를 지켜야 해. 잘 판단해서 다칠 것 같으면 무리하지 않는 것이 좋아. 알았지? 감기 기운이 들면 스스로 물을 자주 마시고 몸을 따뜻하게 하고, 상처가 생기면 바로바로 엄마에게 말해서 소독해야 해."

"그렇게 조심했는데도 다치면?"

"그땐 응급차를 부르거나 엄마 차 타고 큰 병원으로 가야 해. 그렇지만 병원까지 가는 시간이 많이 걸리니까 병원에 간다고 바로 해결되진 않을 거야. 안 다치는 것이 제일 좋지."

아이들은 고개를 끄덕였다. 우리가 사는 곳에서 차로 20분 거리에 동네 소아청소년과가 있긴 하다. 하지만 야간 진료와 주말 치료를 하지 않기 때문에 만약을 대비해 유아를 치료할 수 있는 인근 시의 병원도 검색해 알아두었다. 약국이 없는 동네라 상비약도 챙겨두었지만, 불안감 한 조각은 늘 있기 마련이었다.

그래서 소아과 전문의가 쓴 건강서를 꾸준히 읽으면서 병원에 가야 할 증상과 가지 않아도 될 증상을 공부했다. 덕분에 구토, 설사, 열, 감기를 앓거나 가벼운 화상을 입었을 때 어떻게 대처해야 하는지 배울 수 있었다. 당장의 차도를 위해 항생제를 남용하고 있지 않은지 반성했고, 내 몸 상태도 살피고 챙기는 여유도 가질 수 있었다.

아이들은 여기로 오기 전, 길만 건너면 병원과 약국이 다닥다닥 붙어 있는 도시에서 살았다. 조금만 아파도 행여 상태가 더 나빠져 어린이집을 결석할까봐, 그래서 나도 덩달아 회사를 결근하는 불상사가 생길까봐 바로바로 병원에 데려가고 약을 먹였다.

나 역시 아프면 안 되니 조금만 피곤해도 병원에 가고 약을 챙겨 먹었다. 쉬면 낫는다는 걸 알았지만, 나의 쉼이 타인에게 폐가 되는 생활 패턴이었던 우리에겐 그럴 여유조차 없었다.

도시에서의 삶이 약과 영양제를 미리 먹어 아프지 않도록 하는 예방 차원의 생활이었다면, 아이는 시골에 와서 현재의 자기 몸 상태를 자세히 살피는 생활을 하고 있다. 병원과 약이 만병의 해결책이 아닐 수도 있다는 걸 조금씩 알기 시작한 것이다.

아이는 피곤하면 방을 따뜻하게 해달라고, 좀 쉬고 싶다고 직접 말한다. 목이 부으면 부드러운 닭죽과 달콤한 꿀물을 주문하고, 콧물이 흐르면 대추, 도라지, 배를 넣고 만든 달큼한 외할머니표 감기 특효 차를 만들어달라고 한다.

감기에 걸려 기침 때문에 잠 못 자는 날이면 꿀물을 마시고 가습기를 틀어달라고 부탁한다. 내가 먼저 병원에 가자고 하면 푹 자고 나면 나을 것 같다고 답하기도 한다. 일곱 살, 다섯 살 아이들은 약간의 아픔과 감기는 스스로 이겨낼 수 있다고 생각하는 듯했다.

이제 아이들은 시내에 나가야 작은 병원이 있다는 걸 알아서인지 평소에도 자기 건강을 잘 챙긴다. 몸에 좋은 음식을 먹고, 적절한 운동을 하고, 자기 능력치를 과대평가하지 않는 놀이를 하는 등 생활에서 위험을 알아차리고 자신의 한계를 조절해가면서 논다. 그렇게 스스로를 지키는 법을 익히고 있다.

"엄마! 나 햄 끊었어요. 햄만 보면 자꾸 심장이 쿵쾅대고 젓가락이 햄에게 나도 모르게 갔는데, 나 이제 건강해지려고요. 몸에 좋은 것만 먹을 거예요. 이제 햄 반찬 해주지 마세요."

다섯 살 둘째 진우는 드디어 텃밭 채소의 맛에 빠지면서 햄을 끊고 직접 식단을 관리하기 시작했다. 먹기 싫은 것도 몸에 좋은 것이라고, 자연이 준 선물로 만든 거라고 하면 시도해보는 용기를 보였다. 왜 그렇게 좋아하던 햄을 끊으려 하냐고 물으니 야무진 대답이 돌아왔다.

"엄마, 병원에 가기 싫어서요. 병원에 안 가도 이겨내는 힘이 자꾸 나에게 생겨요."

"우리가 기른 채소로 음식을 해 먹으면 건강해져?"

"그럼요. 먹는 것이 내 몸속으로 들어와 뼈도 튼튼해지고 단단한 살도 되는걸요."

"그렇구나. 또 튼튼해지려면 어떻게 하면 될까?"

"유치원까지 걸어 다니고, 운동도 하고, 책도 읽어야 해요. 잠도 잘 자고요."

둘째 아이는 깊은 생각 끝에 자기가 생각하는 바람직한 생활 습관을 찬찬히 말했다. 아이는 몸과 마음을 가꾸는 생활이 건강을 지키는 길이라는 걸 스스로 깨우친 듯했다.

불편한 일상에 익숙해질수록 더 본질에 집중하는 힘이 길러진다. 아이들은 내가 마흔에야 깨달아 실천하려는 삶을 일곱 살, 다섯 살에 맛보고 있다. 싱싱한 채소를 직접 길러 매일 먹는 습관의 중요함과 자신을 지키는 힘에 대해 자기 언어로 표현하는 아이들을 보고 있자니, 이곳에 오길 참 잘했구나 싶다.

○

사계절 한가운데
우리가 산다

▷

　　3월이 이렇게 추웠었나? 4월이 오기 전까지 우리는 매일같이 달달 떨며 아궁이에 불을 땠다. 화장실 갈 때마다 추위와 맞설 용기가 필요했고, 아이들은 목욕하고 싶어도 추워서 씻기를 망설였다. 어쩔 수 없이 아기 욕조를 방 안에 들이고 뜨거운 물을 퍼다 날랐다. 아이들이 신나게 첨벙댈 때마다 욕조 안의 물이 방바닥으로 넘쳤다. 그럼 또 물을 닦아내느라 수건 빨래가 한 무더기 쌓였다.

　결국 이 모든 상황을 좀 더 편하게 만들기 위해 화장실에 난방 기구를 달았다. 도시에서 살 땐 입지 않았던 두꺼운 패딩과 입기 애매했던 간절기 옷을 다시 꺼내 요긴하게 입었다. 봄의 시작인

3월은 원래 날씨도 좀 따뜻해지고 푸릇푸릇해져야 하는 거 아닌가 의구심을 한 달 내내 달고 살았다.

그동안 우리는 자연과 먼 삶을 살았기에 지식으로만 자연을 알고 있었는지도 모른다. 3월이면 이제 봄 시작, 7월이면 여름 시작, 9월이면 가을 시작, 12월이면 겨울 시작. 이렇게 계절을 딱딱 나누고 산 것은 나의 선입견일 뿐이었다.

3월의 봄바람은 겨울바람에 비해 부드러웠지만 때론 칼날을 숨기고 있었다. 봄의 생명은 아주 더디게 마당을 덮었다. 집 앞의 벚나무들은 3월 내내 헐벗고 있어 꽃이 피기는 하는 건가 자주 의심하게 만들었다. 그 와중에도 쑥과 냉이는 열심히도 자라 동네 할머니들을 들판으로 모이게 했다.

자주, 오래 들판을 보면서 마침내 우리는 발견했다. 햇빛이 봄을 향해 힘을 실어갈수록 땅이 포근하고 부드러워진다는 것을. 얼었던 땅이 부풀어 오르며 풀리는 모습을. 그 포근한 흙들을 눈으로 보며 봄을 기다리는 사이 4월이 도래했다. 자고 일어나 마당에 설 때마다 초록이 성큼성큼 세상을 뒤덮는 게 실감 났다.

겨울에서 봄으로 가는 시간은 더뎠으나 봄에서 여름으로 가는 시간은 제법 빨랐다. 시골의 봄이 부드럽고 조심성 많은 아이가 살금살금 들판을 누비는 것 같았다면, 시골의 여름은 열정적이고 자유로운 아이가 사방으로 날뛰는 것 같았다.

여름날 작열하는 태양 아래 풀 죽은 생명들을 모른 척할 수 없어 아침저녁으로 물을 줬다. 물은 정맥과 동맥이 되어 마구 풀뿌리로 스몄지만 반나절만 되면 땅은 갈라지고 잎들은 금방이라도 곡기를 끊고 죽을 것처럼 시들어버렸다.

대지가 이렇게 말라가는데 내가 튼 수도꼭지의 물은 어디서 끊임없이 오는 것일까란 의구심이 자주 들었다. 그래서 물을 아껴 허투루 쓰지 않고 버릴 물을 모아서 텃밭에 주었다.

시골의 한여름은 수고로움을 동반한다. 햇빛을 먹고 사는 토마토와 고추, 옥수수를 따는 날에는 모기밭에 간 거나 다름없었다. 지독한 벌레들을 퇴치하기 위해 우리는 인터넷을 보며 인체에 무해한 자연 퇴치제를 만들었지만, 매번 우리가 졌다. 그렇게 지독한 가려움과 땀 한 바가지를 쏟고 나서야 가을이 왔다.

가을 밤공기는 매일 결이 달라졌다. 무수히 떨어지는 잎과 과실을 보고 있으면, 절로 감상에 젖어들었다. 일찍 피는 꽃도 있고, 늦게 피는 꽃도 있고, 주목받을 만큼 어여쁜 꽃무리가 있는 반면, 눈길 한 번 받지 못해도 당당히 제 몫을 피어내는 꽃도 아름다웠다.

누군가에게 보이기 위해 꽃을 피우는 생명은 없었다. 그저 때를 기다렸다가 자신이 품은 싹의 결대로 용기 내어 제 몫을 살아가는 것만으로도 숭고하게 아름다웠다. 살아가는 것과 죽어가는 것, 사라지는 것들로 뒤덮인 시골길을 매일 오가며 우리는 살면서 꿈을 이루기에 정해진 때는 없음을 조금씩 알아갔다.

눈부신 가을이 겨울로 향해갈 때는 서글프기 그지없는 시골 생활이 시작된다. 유난히 추위에 약한 우리는 여러 겹 옷을 덧입고 아궁이에 불을 땐다. 따뜻해진 아랫목에 앉아 군고구마나 군밤 같은 간식을 먹으며 책 읽는 시간은 겨울이 좋아지게 만든다. 꽁꽁 얼어버린 계곡물과 앙상해져 가련한 산을 바라보면서 자연의 깊은 바닥 밑에서 몸을 맡기고 있을 생명들을 상상한다.

도시에서는 쉬어도 쉬는 게 아니었다. 내게 휴식은 몸은 아무것도 안 하지만 마음은 불안한 상태로 누워 있는 것에 불과했다. 하지만 자연 한가운데에 서 있으면, 그런 것들은 다 소용없어진다. 아무것도 하지 않아도 괜찮다는 생각이 든다. 그런 나의 모습을 보며 선후는 이렇게 말했다.

"엄마는 겨울이랑 닮았어. 엄마도 지금 겨울처럼 모든 걸 다 내려놓고 쉬고 있잖아."

"그러네. 엄마도 푹 쉬고 일어나면 봄에 다시 생명들이 움트듯 엄마 인생에도 뭔가 새싹들이 자랄 것 같아."

나의 솔직한 감정을 말하자 아이들은 살가운 눈웃음으로 나에게 응원을 보냈다.

마당 있는 시골집에서 보낸 사계절은 주말에만 만나던 자연과 아예 달랐다. 자연은 마냥 아름답거나 순수하지 않았다. 수많은 생명이 치열하게 생존했고 죽음도 흔하디흔했다. 날씨도 지독하게 습하거나 건조하거나 덥거나 추웠다. 거칠고 매정한 자연 속에서 두려움과 공포는 지극히 자연스러운 삶의 일부였으며, 동시에 가장 경건하며 빛나는 감정이었다.

아이들 역시 책으로만 보던 것들을 직접 겪으면서 가르치지 않아도 자연스레 자연의 순리를 체득했다. 추상적으로만 알았던 자연이 날마다 다른 습도와 온도와 풍경을 지닌다는 것을. 우리의 몸과 마음도 그런 자연의 영향을 받아 높은 습도와 온도에는 괜스레 짜증이 나고 몸도 처진다는 것을. 그런 날이 꼭 나쁘지만은 않다는 것을. 흐린 날, 낮은 조도 아래 앉아 있으면 이유 없이 가라앉는 마음과 몸이 오히려 더 많은 영감을 불러일으키기도 한다는 것을. 티 없이 맑은 날은 마음도 밝게 튀어 올라 엉덩이가 들썩거린다는 것을. 그리하여 우리도 자연의 낯빛을 살피며 하루를 시작하게 된다는 것을!

어느새 시골에서 맞이하는 두 번째 봄이다. 첫 번째 봄은 정말 추웠는데, 이제는 진짜 봄 날씨를 알 것만 같다.

밥 먹기 싫다는 둘째에게 엄마가 힘들게 차렸는데 안 먹으면 어떡하냐고,
나의 노고를 생색내며 자책감을 심어줬다.
옆에서 우리의 실랑이를 지켜보던 첫째가 입을 열었다.

"진우야, 밥그릇에 든 밥알은 엄청 힘든 여름과 가을을 보내고 드디어 쌀밥이 되었대.
우리가 지나다니면서 논에 벼가 어떻게 크는지 직접 봤잖아. 그치?
진짜 대단히 더운 날씨에도 쓰러졌다가 일어나서 쌀밥이 된 거야.
그런데 진우가 군것질해서 밥을 못 먹으니까 밥알이 실망했대.
진우 배 속에 들어가지도 못하고 버려지는구나,
아프리카에서 태어났으면 누군가 나를 맛있게 먹어줬을 텐데 하면서 밥알이 울었대.
이제 이 밥알은 버려져서 고양이도 안 먹고, 강아지도 안 먹고,
노력했는데 꿈도 못 이루고 그냥 땅에서 썩어가게 되었대.
진우가 밥알의 소원을 들어줄 수 있을까?"

그 이야기를 듣고 둘째는 밥알이 너무 불쌍하다며 울었고
주어진 몫의 밥을 싹싹 비워냈다.

참삶을 가꾸는 행복한 작은

3장
—
시골 학교의 가르침

내 인생의
주인공이 되는 학교

▷

다니던 유치원 원장님께 원을 옮겨 시골로 가겠다고 했더니 걱정부터 하셨었다.

"어머니, 어떻게 하시려고 그래요. 시골이라뇨. 초등학교 입학 전에 다른 아이들은 얼마나 열심히 공부하는지 몰라요. 또 첫째 선후는 예민하고 조심성이 많아 시골에 적응하는 데 시간이 걸릴 거예요. 보통 7세반 아이들이 그대로 같은 초등학교에 입학하는 데, 친구 관계는 어떻게 하실 거예요? 아이가 힘들 겁니다."

전문가로 오래 아이들을 지켜본 원장님의 말씀에 잠시 마음이 흔들렸었다. 평소 선후는 어린이집에 가기 싫다고 기본 한 시간을 밖에서 씨름하다 울면서 등원했기 때문이다. 나는 틈이 생길 때마다 아이들에게 유치원을 옮기는 것에 대한 장단점을 설명하고 스스로 선택하라고 말했었다.

"엄마, 내 생각에는요, 시골 유치원 가는 게 훨씬 좋을 것 같아요. 봐요. 나는 엄마가 출근하면 어린이집에 가야 하지만 재미가 없어요. 코로나 때문에 바깥놀이도 못 하고, 체험 학습도 못 하잖아요. 가만히 앉아서 오리고 붙이고 쓰는 것들만 해요. 나는 그게 별로 재미가 없어요. 그런데 시골 유치원은 우리가 텃밭도 가꾸고 동물도 보살피고, 마음껏 뛰어놀면서 지낼 수 있다고 했잖아요. 나는 그러고 싶어요."

그날부터 주말마다 짬을 내서 눈여겨봤던 시골 학교에 아이들을 데리고 갔다. 시골 학교에는 아이들이 다닐 수 있는 병설 유치원이 있었다. 흙이 가득한 운동장과 아슬아슬 모험을 즐길 수 있는 놀이터와 텃밭, 염소, 토끼 사육장을 둘러보며 아이들의 결심은 확고해졌다.

드디어 시골 유치원에 처음 등원하는 날. 입학식이 끝나고 선후는 다소 긴장한 얼굴로 선생님 옆에 서서 집에 가는 아이들 한 명, 한 명에게 말했다.

"안녕! 나는 장선후야. 나는 너희랑 친하게 지낼 거야. 내일 만나."

그리고 함께 손을 잡고 집으로 돌아오는 길, 아이는 이렇게 말했다.

"엄마, 나는 모두와 친해지기로 마음먹었어. 잘 지낼 수 있어."

선후는 자신이 선택했으니까 포기하지 않겠다고 했다. 평소 마음이 여려 눈물이 많고 수줍음도 많이 타는 아이에게 의외의 모습을 봤다. 물론 처음부터 잘되진 않았다. 아이는 이곳의 놀이 문화가 전에 알고 있던 것과 달라 속상해하곤 했다.

시골 학교의 병설 유치원을 다섯 살 때부터 다닌 다른 아이들은 술래잡기에도 자기들만의 놀이법이 있었으며, 딱지 치기와 팽이 돌리기 같은 놀이를 오래 해본 달인들이었다. 아이는 자기만 모르는 놀이법을 배우기 급급했고, 딱지 치기와 팽이 돌리기는 집에서 연습을 하고 가도 매일 지고 왔다.

그런 일상이 속상하긴 해도 다시 도시로 돌아가자는 말은 하지 않았다. 이 또한 내가 한 번도 보지 못했던 아이의 모습이었다. 우리가 선택한 길이니 후회가 없도록 하자는 암묵의 약속 때문이었을 것이다. 유치원에서 어떤 일이 있었든, 다음날 아이는 눈 뜰 때마다 말했다.

"오늘은 또 얼마나 재밌는 일이 생길까?"

"뭐가 그렇게 재밌어?"

"다 재밌지, 엄마. 맨날 놀잖아. 근데 놀면서 배우게 되더라고. 왜 엄마가 공부가 재미있다고 했는지 알 것 같아. 나는 누가 시키면 하기 싫은데 우리 유치원은 뭐 하라고 혼내지도 않고 억지로 시키지 않아서 좋아. 그래도 친구들은 규칙을 잘 지켜. 어른들이 잔소리하지 않아도 우린 잘할 수 있거든."

코로나 시기에도 친구와 어울려 마음껏 놀 수 있는 시골 유치원이 아이에게 주는 가장 큰 선물은 이것이었다. 내일도 재밌는 일이 있을 거란 기대와 희망.

시골은 지천이 놀이터이자 교육의 장이라서 무언가를 아이에게 시킬 틈도, 아이들이 지겨워할 틈도 없었다. 비대면 수업으로 도시 학교가 교육과 생활 전반에 제한을 받고 있는 것에 반해, 여기 시골 학교는 전교생이 100명도 채 되지 않아 친구들과 매일 대면하며 자연 속에서 뛰어놀 일이 많았다.

아이들은 등원하면 선생님과 텃밭으로 나가 농작물을 수확하고, 깨끗한 물로 씻어서 책상 위에 올려놓는다. 아침 식사를 거르고 오거나 늦게 등원한 친구들은 아침의 수확물을 간식으로 먹는다. 뜨거운 여름날에는 오이를 잘라 서로의 얼굴과 팔에 붙여주며 시원한 마사지를 즐기기도 했다. 그러고도 수확물이 남으면 집으로 가져와 요리를 해 먹었다.

무엇보다 바로 눈앞에 놀잇감이 깔려 있으니 아이들은 유튜브 같은 영상 매체를 절로 잊어버렸다. 자기가 놀이의 수용자가 아니라 창작자가 되었는데 보기만 하는 놀이가 뭐 그리 흥미롭겠는가.

친구들과 어울려 놀면 놀이가 더 풍요로워진다는 것을 깨우쳤고, 친구가 웃어야 나도 즐겁다는 것을 경쟁하는 법보다 먼저 배워갔다. 함께 행복해지기 위해 마음 쓰는 아이들이 모이니 아이는 유치원 일과를 지켜워하는 법이 없었다.

이 학교만의 특별한 생일 파티 문화도 있다. 누구나에게 생일은 특별하겠지만, 이곳은 유치원생부터 초등학교 6학년까지 모두 한 강당에 모여서 생일 파티를 한다. 전교생이 모인 자리에서 그 달 생일인 친구들은 다른 친구들의 환호와 박수를 받으며 단상에 오른다. 당사자가 원하면 재주를 뽐내는 무대로 이어지기도 한다.

도시 학교에서는 교장 선생님이 주는 큰 상을 받지 않는 이상, 단상에 올라 전교생의 박수를 받기가 드물다. 그런데 이곳에서는 누구나 1년에 한 번은 반드시 그 경험을 만끽할 수 있다. 아이는 존재만으로, 건강하게 삶을 살아내고 있다는 것만으로 축하를 받았다. 건강하게 내 몸과 마음을 지키고 학교를 다니고 있다는 사실만으로 이미 제 몫을 해내고 있는 우리의 장한 친구들, 모두 박수를 받아 마땅하다.

매년 12월에는 예술제를 개최한다. 참석하지 못한 남편에게 보여줄 아이들 영상을 찍다가 문득 느꼈다. 이 예술제에는 엑스트라가 없다는 것을. 보통 시간 관계상 전교생이 축제에 참여하지 못하므로 오디션을 봐서 반별 대표를 뽑는다. 그렇게 독보적인 재능을 가진 아이들만이 무대에 오를 특권을 갖기 마련이다.

그런데 여기는 전교생 수가 적으니 소외되는 아이 없이 모두 무대에 참여할 수 있다. 뛰어난 재능을 가진 아이들의 단독 장기자랑

이 아닌 모두의 노력이 깃든, 각자의 성장이 돋보이는 무대가 된다.

이 예술제에서는 누가 잘했는지에 대한 평가 자체가 의미 없었다. 평생 평가하고 평가받는 삶에 익숙해져 있었던 나는 자꾸만 아이들의 무대를 보며 감동의 눈물이 나 소리 죽여 훌쩍였다. 집으로 돌아와 내가 찍은 영상을 승선 중인 남편에게 메시지로 보냈다.

"도대체 누구를 찍은 거야. 누가 우리 아들인 거야?ㅎㅎ 애들 모두를 찍었구만. 아이들 다 잘한다. 모두 기특하고 대견해."

내가 찍은 영상에는 반 친구들 모두의 율동이 담겨 있었다. 아이들 한 명, 한 명 눈에 담으며 내 손도 시선을 따라 움직였다. 그 영상을 보고 우리 아들들도 영상 속 자기들 모습이 잘 찍히지 않았다고 투덜대지 않았다. 친구들이 어떻게 율동을 했는지, 누가 연습 때보다 더 잘했고, 누가 수줍어하는지 살펴보며 좋아했다.

9월마다 실시하는 지역 명산 등반 대회도 마찬가지다. 전교생 모두가 높이 806미터, 거리 7.3킬로미터 산을 등반하는 행사에서 몇 년째 중도 포기자가 없다고 한다. 다섯 살 둘째도 등산하다 산길에 드러누웠지만, 일곱 살 형님들이 "포기하지 말고, 다 같이 가자!"라고 말하면서 손을 잡아줘 끝까지 다녀왔다. 등반을 끝까지 한 학생들에게 주는 '백만 불 다리상'을 받아온 아이들은, 그날 밤에 고봉밥을 먹고 달고 깊은 잠에 빠져들었다.

그 경험은 아이들 마음에 오래 남아 이후에도 "나이가 어려서 못 해요" 같은 말을 하지 않게 해주었다. 오히려 험하고 높은 산을 만나면 더 재밌겠다며 손뼉을 친다.

"엄마, 위험한 산을 가면 더 재미있어요. 왜냐하면 딴 생각을 안 하고 집중하면서 가거든요. 그러면 더 조심하게 돼요."

아이들이 선택한 가파른 산을 오르며 오히려 내가 아이들보다 뒤처졌다. 엉덩방아를 찧으며 내려오면서도 아이들은 재밌어한다. 발끝에 어떻게 힘을 줘야 하는지, 자기처럼 미끄러지지 않으려면 엄마가 어떻게 해야 하는지 알려주기 바쁘다. 등산할 때마다 힘들어하는 나에게 둘째 아들은 고사리같이 작은 손을 내밀며 나를 힘껏 당긴다.

"엄마. 같이 가자. 내가 천천히 옆에서 같이 가줄게. 할 수 있어. 봐봐, 우리가 옆에서 응원해주잖아."

그 말에 뻐근한 다리에 힘이 실린다. 그 힘으로 정상까지 갈 수 있었다. 다섯 살 아들과 맞잡은 손에 땀이 가득하다. 뭐라 형용할 수 없을 만큼 가슴이 벅찼다. 오로지 나를 이끌기 위해 가늘지만 강단 있는 아들의 손아귀에 잔뜩 힘이 실려 있었다. 그 힘이 포기를 포기하게 했다.

이게 '함께'의 힘이구나. '함께'의 가치가 빛바랜 교훈처럼 느껴지는 요즘, 성장 속도에 조급증이 났던 요즘, 나는 시골 학교에서 그 빛나는 가치를 자주 목도한다. 새로운 것이 넘쳐나기에 빨리 배우고 익혀야 할 것 같은 강박감과 속도전에서 벗어나, 서두르지 않

고 느리더라도 서로를 기다리고 살피며 사는 삶의 아름다움을 산
을 오르며 배웠다.

방과 후에도
아이는 스스로 자란다

▷

하원 시간에 맞춰 데리러 가면 땀을 뻘뻘 흘리며 운동장을 누비던 아들들이 뛰어와 안긴다. 안기는 순간 아이 머리카락에서 진한 흙 냄새와 바람 냄새가 뒤엉켜 풍기는데, 그게 그렇게 사랑스러울 수 없다. 꼭 안아주면 아이는 엄마 냄새를 한껏 들이마시고는 또다시 친구들 무리로 돌아간다. 마지막 통학 버스를 타고 갈 친구가 외롭지 않게 놀아줘야 한다는 이유에서다.

실컷 웃고 떠들던 아들들은 친구들이 탄 버스가 떠나고 나서야 집으로 갈 마음이 생긴다. 어김없이 제일 마지막으로 학교를 떠나는 우리다. 아이들은 그제야 피곤이 몰려오는지 얼른 집에 가서 쉬고 싶다고 말한다.

그러나 집으로 가는 길도 순탄하지 않다. 학교에서 집까지 걸어서 10분 남짓이지만 어김없이 한 시간가량 늘어진다. 온갖 자연의 놀잇감이 아이들을 유혹하기 때문이다. 아이들은 길가에서 만나는 모든 것을 보고 만지고 탐색한다.

　더운 여름날이면 계곡물에 들어가 신발을 던져 자신에게 떠내려오면 받는 놀이로 물살의 속도를 가늠한다. 들판에서 다양한 곤충을 관찰하며 책에서 본 이론을 체득한다. 비 내리는 날은 도로 위로 올라온 새끼 개구리가 차에 깔려죽지 않도록 한 마리씩 잡아 논둑으로 옮겨준다.

　인간 중심적인 개발 때문에 지렁이, 개구리, 두더지 등 작은 생명들이 도로가에 죽어 있는 모습을 볼 때마다 아이들은 진심으로 가슴 아파하며 자연 보호에 더 관심을 가졌다. 또한 죽음이라는 알 수 없는 두려움에 대해 자연스럽게 이야기를 꺼내고 받아들이기도 했다.

　이렇듯 학교 밖에서도 아이들은 스스로 배우고 있다. 엄마의 불필요한 충고와 제재가 없으니 아이들은 편안한 마음으로 충분히 주변을 탐색하고 자신만의 답을 찾으려 애쓴다.

　그렇게 집으로 돌아오는 길은 어김없이 우리의 수다로 가득 찬다. 예전에는 아이에게 조금이라도 더 가르치고 싶어서 대화가 훈육으로 이어지는 경우가 많았다. 그럼 아이는 "엄마, 지금 저 혼내는 거예요? 가르치는 거예요? 잘 모르겠어요"라고 말할 정도였다.

이렇게 인적 드물고 시간도 여유로운 시골에서는 아이에게 대화 주도권을 넘기고 아이의 마음 소리를 들을 여유가 생겼다. 그 여유는 생명력 가득한 길을 걸으며 오감이 열리면서부터 찾아왔다.

아이도 나도 마음이 열리고 서로를 받아들이는 폭이 깊어지면서 서로를 이해하는 시간이 계속 이어진다. 아이들은 구불구불한 시골길을 걸으며 한가로운 대화를 하기도 하고 문득 떠오른 생각에 몰두하며 침묵을 지키기도 한다.

이 시간은 아이들뿐만 아니라, 나에게도 귀하다. 내 배 아파 낳은 자식이니 아이들에 대해 많은 것을 다 알고 있다 생각했는데, 한낱 착각이었음을 이 길 위에서 매일 깨닫는다. 아이의 새로운 모습을 발견할 때마다 다짐한다. '너에게는 너만의 세상이 있구나. 엄마의 생각에 너를 끼워 맞추지 말아야지. 계속 너의 새로움을 발견하고 인정하며 지지해줘야지.'

체력이 남고 날이 좋으면 산 밑의 오르막을 열심히 걸어 마을의 갤러리 카페로 향한다. 도시에 살 때도 미술 전시를 좋아해서 종종 어린 아이들을 데리고 유명 작가의 작품을 보러 다녔다. 하지만 공간도 넓고 사람도 많아 어린 아이들을 단속시키느라 작품이 주는 감동보다 피로감이 더 컸었다.

유명 작가의 작품만 보는 것만으로도 돈과 시간이 모자라 유명하지 않으면 그리 마음이 가지 않았었다. 그러나 시골에 오고 나서는 유명 작가가 아니더라도 누군가 끊임없이 몰두해온 작품을 볼 수 있다는 것만으로 감사했다.

여기에서는 마을 이장, 학교 선생님, 아이를 키우며 그림을 놓지 않았던 무명의 어머니, 소도시에서 미술 동아리를 하는 사람의 작품을 만날 수 있다. 그 작품을 보고 있으면 짙은 감동이 울컥 올라온다. 어떤 생활을 하고 있든, 좋아하는 것을 즐기고 자신만의 색을 드러내 전시하는 모습 자체가 감동이다.

아주 뛰어난 작품은 범접할 수 없는 경이감을 준다. 그런데 소박한 아름다움이 깃든 작품들을 자주 둘러보며 우리는 '나도 할 수 있다! 좋아하는 것을 꾸준히 해보자'라는 무한한 격려를 받았다. 그 격려 덕분에 아이들은 작품에서 얻은 영감을 스케치북에 꾸준히 그리기 시작했다.

나부터 은연 중 가지고 있던 '잘해야 돼. 최고가 되지 않으면 살아남기 힘들어. 내가 잘 못하면 부모님이 실망할지도 몰라'라는 부담감을 내려놨더니 아이들의 어설픈 그림과 작품에도 평가하려 들지 않고 진심으로 격려하게 됐다.

아이들은 부모의 인정을 거름 삼아 그림을 즐겨 그리기 시작했다. 식구들의 초상화를 그리기도 했고 영화를 보거나 책을 읽고 난 후 느낀 점을 그림으로 표현하는 것이 일상이 됐다. 그 그림을 마당 감나무 밑에 전시해두고 길고양이들이 오면가면 보게 해두었다. 아이들은 고양이들을 관람객처럼 극진히 모셨다. 간혹 돌담 너머 지나가는 이웃을 만나면 그림 앞으로 불러 이끌었다.

　사실 그동안 나는 아이에게 자기주도 놀이가 중요하다는 걸 알면서도 그 말만 믿기에는 불안해 하원 후 돈과 시간을 들여 공부를 시켜댔다. 이 정도는 남들도 다 하는데, 너는 왜 못 하냐며 우리 아이에게 맞지 않는 기준을 들이밀고 상처주고, 한편으론 나는 좋은 부모인가 자책했다.

　그런 마음을 가질 수밖에 없었던 환경에서 벗어나자 아이가 다시 보였다. 아이는 부모가 많은 돈과 시간을 들이지 않아도 온 마음을 쏟으며 스스로 놀면서 배웠다. 도처에 깔린 즐거운 놀잇감을 매일 발견하며 아이는 일상 속에서 충분히 행복감을 느꼈다.

　이런 하루하루가 쌓인다면 아이는 자신이 정말 좋아하는 것이 무엇인지, 어느 때 행복한지 아는 사람으로 자랄 것이다. 자신을 아는 것만으로도 매 순간 주변에 휩쓸리지 않고 주체적인 삶을 살아가리라 믿는다.

놀아줘야 한다는 부담이
사라진 주말

▷

　　주말을 어떻게 보내느냐에 따라 아이 인생의 질이 달라지니 아이와 많은 시간을 보내라고들 한다. 맞벌이 가정에게 주말은 온 가족이 함께 많은 시간을 보낼 수 있는 축복의 시간이다. 하지만 나는 아이들과 온종일 함께하는 공휴일이 부담스러웠다.

　　이미 주중의 일과로 지쳤는데, 아이들에게 주말에도 교육적인 경험을 시켜줘야 한다는 강박 때문이었을까. 비용을 들여 다양한 체험을 할 수 있는 곳, 편의 시설이 갖추어져 편안하게 놀 수 있는 곳을 숙제하듯 찾아다녔다. 그러다 아이가 제대로 놀지 않으면 '너를 위해' 이만큼의 비용과 시간을 들여 여기에 왔는데, 왜 제대로 즐기지 못하느냐고 아이에게 화를 냈다.

그 밑바탕에는 육아와 일을 병행하느라 누적된 피곤함, 아이가 어떤 상황에서도 잘 적응하고 많은 걸 배워가기를 바랐던 기대의 좌절, 기회비용에 대한 잇속이 모두 섞여 있었다.

"엄마가 오자고 해놓고! 왜 내가 시시하다고 하면 혼내기만 해? 나도 피곤한데."

아이는 주말 나들이 끝에 이런 말을 종종 했었다. 그땐 그저 아이들이 나의 노력을 몰라준다는 서운함에 내 기분도 엉망이 되기 일쑤였다.

그런데 아이와 시골에서 지내면서 주말에 그럴듯한 계획을 세워 아이들과 놀아줘야 한다는 부담감이 사라졌다. 왜일까. 아이들의 주말을 가만히 지켜보며 깨달았다. 엄마가 먼저 나서서 지시하거나 권유하지 않아도 아이는 마음이 이끄는 대로 놀았다.

주말에는 아이도 어른들처럼 늘어지게 쉬고 싶고 뒹굴고 싶어 하는데, 그동안 그 적당한 휴식 시간을 챙겨주지 못했었다. 아이들은 충분히 쉬고 나면 비로소 놀고 싶은 마음이 슬그머니 올라오는지, 엉덩이를 들썩였다. 그럼 부모가 무얼 하지 않아도 생활 속에서 즐기고 탐구할 만한 것들을 찾아 나섰다. 내가 할 일은 아이에게 교육적인 체험을 시켜야 한다는 욕심을 버리는 것뿐이었다.

아이가 내 등 뒤에서 "엄마, 이것 좀 봐"라고 말하면, 그저 하던 일을 멈추고 아이를 보면 됐다. 잦은 눈 맞춤으로 지지하고 격려해주면 아이들은 빛나는 웃음으로 보답해줬다. 예전에는 엄마를 부르는 이유가 놀이에 같이 참여해서 더 재밌게 해달라는 의미라고 해석했던 때가 있었다. 지금은 그저 아이를 바라보고 아이의 말을 잘 들어줄 때 더 깊고 진실된 마음이 전달된다는 걸 안다. 국민 육아 멘토인 오은영 박사도 비슷한 말을 했었다.

"좋다는 말을 다 해야 아이를 잘 키우는 것은 아닙니다. 말은 입으로만 하지 않아요. 말없이 가만히 들어주는 것만으로도 우리는 말하는 겁니다. 눈을 반짝이며 고개를 끄덕이며 끝까지 들은 후에 별다른 조언을 하지 않아도, 그 태도만으로 아이는 굉장히 많은 문제를 해결합니다. 아이와 상호작용하며 놀아주는 것, 참 좋아요. 그런데 어떤 때는 부모가 아이 옆에 딱 붙어서 지켜봐주는 것만으로도 아이는 가슴 깊은 곳이 따뜻해지는 충족감을 느끼기도 합니다."

_오은영, 《어떻게 말해줘야 할까》(김영사)

놀아줘야 한다는 부담감이 사라지니, 아이에게만 쏟았던 신경을 나눠 나를 돌볼 여유가 생겼다.

아주 어렸을 적, 나는 그림 그리기를 좋아했었는데 미술 학원 선생님에게 재능이 없다는 말을 들은 후 스케치북을 펼치지 않았다. 그렇게 그림과 몇 십 년을 담쌓고 지냈는데, 시골의 풍경과 자연을 보고 있으면 그 모습을 나만의 시각으로 담아보고 싶어져서 마음이 달아올랐다. 더 이상 좋아하는 것을 좋아하지 않는 척할 필요가 없었다.

종이와 펜, 물감 몇 개를 챙겨서 아이들과 오래된 골목 한편에 자리 잡고 앉았다. 처음에는 어른들처럼 잘 그리고 싶어 그렸다 지우기를 반복했던 아이들은 점차 자기들만의 감성과 시선을 담아 그림을 완성해나갔다.

아이와 같은 공간에 있어도 각자의 시선과 마음과 생각은 자기만의 세계 속에 있었다. 그림이 완성되면 우리는 그것들을 집 돌담에 붙였다. 오면가면 마을 어르신들이 심심풀이로 감상하시라고. 작은 돌담 전시회를 통해 매일 지나다니는 한적한 길에서 그날의 외로움도 잊고 힘듦도 잊고, 잠시 어리고 따뜻하고 가뿐한 기운을 살짝이라도 적시고 지나가시라고.

날씨도, 컨디션도 최상인 주말에는 종종 여행을 떠났다. 예전에는 인터넷에 '아이들과 나들이하기 좋은 곳'을 검색하는 게 필수 과제였다. 그럼 인터넷에서 시킨 대로 꼭 들러야 하는 곳, 꼭 먹어야 하는 것들 위주로 인증하듯이 여행을 다녔었다.

이제는 다르다. 우리의 주말 여행지는 아이들이 정한다. 아이들이 가고 싶은 곳을 말하면 간단한 간식을 각자 가방에 챙겨서 마을 인근으로 드라이브 떠나는 것도 여행이 됐다. 시골길은 주말이라도 붐비는 법이 없고 흔한 듯하면서도 똑같은 풍경이 없다.

어느 날은 부슬비 내리는 국도를 달리고 있는데, 둘째 아들이 지그시 창밖을 내다보더니 잠깐 차를 세워달라고 부탁했다.

"엄마, 여기 잠깐만 멈춰봐요. 창문 좀 내려줘요."

"왜?"

"너무 아름답잖아. 우리 잠깐 보고 가자."

우리는 차 한 대 지나가지 않는 갓길에 차를 세우고 말없이 창밖 풍경을 바라봤다. 짙은 안개가 낀 먼 산. 부슬부슬 내리는 빗방울. 드넓게 펼쳐진 논. 어쩌면 평생 누군가의 시선을 받아본 적 없을지도 모르는 나무와 실개천. 풍요로운 아름다움이지만 흔해서 경시받았던 농촌 풍경을 바라보며 우리는 깊이 감탄했다.

"모두 열심히 하루를 살아내고 있네. 산도, 꽃도, 풀도."

"그러네. 우리처럼."

그러다 조금 더 멀리 떠나고 싶은 마음이 들면, 아이들과 지도를 훑었다. 우리가 있는 곳을 표시한 다음에 가보고 싶은 곳을 골랐다. 여행을 좋아해 구석구석 다녀본 나의 경험을 들려주면 아이들은 한껏 집중해 지도 위의 글자와 그림을 다시 한번 들여다보았다. 아이들은 지금껏 가보지 못한 곳에 대해 상상했다.

"바다를 가려면 이 도로로 이렇게 가면 되겠네."

미로 찾기 하듯 아이들은 작은 손가락으로 노선을 정했고, 가서 무엇을 하고 싶은지 대화를 나누며 직접 계획을 짰다. 계획대로 되는 여행도 있었고, 길을 잘못 찾거나 방향을 잃은 여행도 있었다. 그러면 또 그런대로 전혀 예상하지 못했던 풍경이 누군가에게 발견당하길 기다렸다는 듯 우리를 반겼다. 그 풍경 그대로의 아름다움을 발견하면 계획의 실패도 실패가 아닌 추억이 되었다.

어디든 자기 동네처럼 뛰어노는 아이들에게 말을 건네는 사람들은 있기 마련이고, 아이들은 그 호의를 고맙게 받으며 세상에 대한 신뢰를 쌓아갔다. 더 이상 우리의 여행길에는 아이들도, 나도 한 방향으로만 희생이 흐르지 않았다.

한 아이를 잘 키우려면
온 마을이 필요하다

▷

　　"도시는 개인을 자유롭게 한다"는 말은 시골에서 자란 나에게 도시의 삶을 꿈꾸게 했다. 10대 시절의 나는 늘 좁은 인간관계 속 얽혀 있는 시선과 간섭에서 벗어나 도시로 가고 싶었다. 마침내 도시에서 생활하게 된 나는 줄곧 성장과 성공에 몰두했다.

　　얼마나 빨리 남들보다 안정된 삶을 성취하느냐는 그 당시 나의 유일한 성공 기준이었다. 가진 것도, 타고난 것도 없는 나였기에 남들에게 존중받으려면 더 많은 노력을 해야 한다고 생각했다. 남들만큼 살기도 벅찬 생활이었지만 도시가 주는 쾌적함과 자유로움, 세련됨은 시골에서 자란 내가 뿌리치기 힘든 유혹이었다.

　　젊음의 한 꼭지를 꺾고 결혼하고 아이를 낳아 기르면서 도시의 또 다른 모습을 발견했다. 자신의 생을 전소하며 풍요로운 삶을 살아가느라, 혹은 생계를 위해 전투적으로 살아가느라 여유가 없는 도시인들의 모습은 아이를 키우면서 자주 고립감과 소외감을 느끼게 했다.

한번은 만삭의 몸으로 택시비를 아끼기 위해 만원 버스를 탔었다. 뒷자리로 가기엔 사람이 너무 많아 기사님 뒤에 손잡이를 잡고 서 있는데, 임산부 배려석에 앉은 갓 스물 넘은 듯한 여자아이가 옆에 서 있는 남자친구에게 말했다.

"아씨, 저 아줌마 왜 내 옆에 서고 지랄이야. 나 일어서야 돼?"

남자는 여자에게 뭐 하러 그러냐며 앉아 있으라고 했고, 내가 자기 여자친구 자리를 뺏지 못하게 나를 등으로 막았다. 그날 이후로는 임신한 몸으로 외출하는 것 자체만으로 눈치 보여 외출 자체를 삼가게 됐다.

출산하고 나서도 마음이 편해지진 않았다. 두 돌이 안 된 어린 아들을 혼자 돌보며 하루 삼시를 다 만들어 먹고 이유식까지 만드는 생활에 지쳐 있던 어느 날이었다. 외식이 너무 그리워 용기 내어 아들과 식당에 들어섰다.

행여 아이가 울어서 도중에 나가야 할까봐 허겁지겁 밥을 먹고 있는데, 옆 테이블에 앉은 가족의 가장이 아이가 너무 자기들을 쳐다봐서 밥을 못 먹겠다며 애 좀 치우라고 신경질을 냈다. 나는 맵고 짠 음식을 억지로 두어 숟가락 더 쑤셔 넣고 반도 더 남기고 일어섰다. 눈물이 자꾸만 흘렀다. 외식 따위, 아이가 다 클 때까지 참아보지 뭐, 하며 집으로 왔다.

삶에 지친 사람들은 타인에게 친절하지 않았다. 타인에게 친절과 배려를 기울일 만한 여유가 없었을 것이다. 나는 그 속에서 아이를 키우면서 행여 타인에게 폐를 끼치진 않을까 자주 위축되고 외로웠다.

특히 두 아들의 엄마가 되면서부터 몸과 마음이 더 지쳐서인지 다른 사람과의 대화 자체가 편하지 않았다. 부모로부터 많은 상속을 받은 사람, 직장에서 승승장구하면서 아이도 잘 키우는 사람, 자식이 유달리 영특한 사람, 재테크를 잘하는 사람. 대화 곳곳에 우열의 관계가 숨어 있었고 나의 위치는 곧잘 열勞에 해당했다. 집으로 돌아오면 '나는 어떻게 살아야 하지? 나는 어떻게 아이를 키워야 하지?' 같은 불안이 일렁거렸다.

어떻게든 도시에서 나의 쓸모를 증명하고 인정받고 싶은 마음은 아이들의 교육으로 향했다. 그럴수록 나는 더 불안했고 무능해졌으며 자괴감에 빠졌다. 그저 내 이기심을 내려놓고 싶은 마음으로, 조금 더 행복해지고 싶은 마음으로 시골에 왔는데, 여기에 뜻밖의 선물이 우리를 기다리고 있었다.

"늙은이들만 있는 동네에 아이들 울고 웃는 소리 들리니까 사람 사는 것 같네."

"아니, 이 집 아들들은 어떻게 인물도 좋고 인사도 잘하게 낳아 놨대. 아주 귀여워."

"애들을 씩씩하고 건강하게 잘 키웠네. 그동안 엄마가 애썼겠어."

작은 마을에 아이들이 다니자 어른들은 바쁜 일손을 놓고 관심을 보냈다. 아이들은 인사를 하는 것만으로도 귀여움을 받았다. 도시에서는 아이들이 지나가는 어른들에게 아무리 인사를 해도 받아주는 경우가 드물었다. 당황스러웠거나, 불필요한 에너지 낭비라 생각했을 수 있다.

하지만 여기서는 돌담 너머로도 인사하는 아이가 기특하다며 칭찬의 의미로 천 원짜리를 던져주시는 이웃 어른이 있다. 목소리가 씩씩하다고 텃밭 채소를 선물로 주시는 분들도 있다. 아이들은 훌륭하지 않아도 인정받을 수 있었고 칭찬받았다. 있는 그대로의 모습을 인정받으니 아이들의 자신감은 절로 늘어났다.

인사하는 목소리는 날로 씩씩해졌으며, 받은 만큼 우리 텃밭에 나는 것들을 나누고 싶어 했다. 텃밭에 처음 난 토마토를 똑 따서 선생님께 드리고, 붉은 샐비어 꽃을 입으로 쏙 빨면 달콤한 꿀물이 나온다는 것을 알고 친구들에게 준다고 컵에 담아갔으며, 길을 가다 주운 싱싱한 사과나 감을 주변 친절한 어른들에게 선물로 드렸다. 아이들은 자신에게 다정하고 관심을 기울이는 어른들을 좋아하며 자연스레 닮아갔다.

이곳에서는 친구를 만날 때도 아이들다운 방법이 있었다. 첫째 선후의 친구들이 시내에 있는 집으로 돌아가면 마을에는 같이 놀 만한 또래 아이가 없었다. 그러다 같은 마을에 한 친구가 산다는 걸 알아낸 아이는, 친구에게 집이 어디 있는지 말로 설명을 듣고 왔다. 그날부터 친구 집 찾기 대작전이 시작되었다.

우리는 몇 날 며칠 장난감 자동차와 세발자전거를 타고 작은 동네를 돌고 또 돌았다. 오늘 못 찾으면 내일 유치원에 가서 다시 집이 어딘지 설명을 듣고 왔다. 그러다 드디어 친구의 집으로 추측되는 마당 앞에 섰다.

"여기 명훈이 집 맞아요?"

아이들은 마당에서 개 짖는 소리에 겁을 먹었지만 친구랑 놀겠다는 일념으로 무서움도 이겨냈다. 견고한 벽돌집 안으로 자신들의 목소리가 들어갈 때까지 포기하지 않고 바깥에서 몇 분을 서성였다. 한참 뒤, 아이가 그토록 찾던 친구 명훈이 동생과 함께 마당으로 나왔다.

서로 반가워하며 폴짝폴짝 뛰는 사이, 나는 명훈 엄마와 인사를 나눴다. 베트남에서 왔다는 그 엄마는 농촌 일이 끝없어 우리 집에 놀러오질 못했었다며 아이들이 노는 모습을 흐뭇하게 바라봤다.

우리 사이에는 우열 없는 대화가 편안하게 흘렀다. 아이들이 어떤 음식을 잘 먹는지, 동네 사람들의 대소사부터 농촌 생활의 즐거움에 대해서 이야기했다. 특히 명훈 엄마가 들려준 인생 이야기는 감동스럽기까지 했다.

한국에 와서 문화적 차이로 힘든 상황에서도 자신의 삶을 정겹고 씩씩하게 꾸려나가는 성실성에, 자신의 아픔도 가감 없이 털어놓는 솔직함에, 이 모든 걸 조리 있게 전하는 한국어 구사력에 감탄했다.

특히나 "내가 몸을 움직이고, 마음을 쓰는 만큼 수확할 수 있어요. 아주 어렸을 때부터 농사를 지어서 어떤 환경에서 어떻게 기르면 좋을지 보는 감각이 생겼나봐요. 내가 가진 재능으로 1년 내내 일해서 식구들을 먹여 살릴 수 있어서 너무 좋아요"라고 농사의 철학을 털어놓을 때는 노동의 가치를 말하는 그 어떤 책보다 더 감동스러웠다.

그녀에게는 배울 점이 참 많았다. 조금 더 편한 직업, 그러니까 적은 노동으로 더 많은 돈을 버는 직업, 투자로 많은 돈을 빨리 버는 직업을 가진 사람들에 대해 질투의 감정이 아주 조금도 없었다. 그저 자신이 가진 재능을 발휘할 수 있는 하루하루를 감사해하며 살고 있는 모습이, 귀 얇게 타인의 성공담에 곧잘 감정적으로 휘둘리는 내게는 아주 특별했다.

도시에 살면서 가졌던 아이에 대한 보호본능은 때론 나를 날카롭고 이기적이게 만들었다. 우리 아이가 중심이고 최고여야 한다는 이기심은 나 역시 지향하지 않았기에 경계했었다. 그럼에도 감정, 사고, 눈치, 지적 수준 등 모든 면에서 점점 빨라지는 다른 아이들 사이에서 우리 아이가 뒤처지지 않았으면 좋겠다는 생각이 당연해졌다.

그 욕심은 자주 스스로를 무능하다 느끼게 했고, 종종 나를 경쟁적이고 이기적인 엄마로 만들기도 했다. 아이를 위해 내가 가진 것 중 가장 좋은 것만 물려주고 싶은 강박은 불행히도 나를 이기적이고 속 좁은 부모로 만들어갔다.

돌이켜보니 시골로 오기 전 나는 능력과 성장에 가치를 두고 살아가면서 삶의 여유도 잃고, 어디 마음 편히 기댈 데도 없이 타인의 잣대대로 육아를 하고 있었다. 하지만 이곳에서는 부모로서 못난 모습과 두려움을 모두 가위로 잘 오려 버릴 수 있었다.

아이들 역시, 친구들과 놀면서 사람을 귀하게 여긴다. 같이 놀 친구가 있다는 것만으로 행복해 행여 친구가 서운하게 해도 토라져 있기보다, 때론 물러서며 기꺼이 곁을 내준다. 자기뿐만 아니라 친구도 즐거워야 놀이가 지속되고 함께 즐거울 수 있다는 것을 가르치지 않아도 눈치로 알았다.

아이들은 이 마을의 편안한 관계망 속에서 타인으로부터 사랑받으며 자신의 색을 드러내기 시작했다. 조심성이 많아서 눈치를 보다가도 때론 감정을 숨김없이 드러내는 어린 아들에게 좀 무던해지라고, 감정을 숨기라고 닦달했던 나는 이제 아이의 기질을 그대로 수용하게 됐다.

　내가 마음을 열고 다름을 배척하지 않는 삶을 살고자 노력하자 아이는 정서적으로 안정되었다. 아이는 그 나이에 맞게 때로는 감정 표현에 서툴기도 했고, 떼도 쓰고 엉엉 울기도 했다. 하지만 네가 울어서 다른 사람들이 불편해한다고 다그치지 않았다.

　가만히 기다려주면 아이는 스스로 그 감정들을 다독이고 다시 괜찮아지는 생활을 반복했다. 나 역시 아이에게 향했던 과잉 모성을 거뒀다. 아이의 찬찬한 성장을 불안함 없이 서두르지 않고 지켜보며 박수 쳐주었다.

　이 마을에는 모든 사람들이 자기만의 색으로 존재한다. 사람들은 평온하고 다채로운 삶의 정서 속에서 서로의 힘듦을 들어줄 여유가 있고, 각자의 방법으로 위로를 건넸다. 그 안에서 우리 가족도 스스로를 긍정하며 행복감을 느낀다. 대단할 것 없는, 각자의 방식대로 각자의 쓰임을 발견하며.

잔소리하지 않아도
스스로 독서

▷

서울 학군 중심으로 다양한 교육을 받으며 선행하는 아이들과 점차 차이가 벌어질 텐데, 어쩌려고 중요한 시기를 시골에서 놀기만 하냐는 말을 많이 들었다. 수십 년 전부터 교육부는 '사교육 없는 학교'를 만들겠다고 했지만, 아이가 앞서거나 뒤처지는 것은 오직 부모의 걱정으로만 남는 게 어쩔 수 없는 현실이다.

학교에서 아이들의 특성에 맞게 개별화 수업이 이루어져야 마땅하지만 교사에게 개별화 수업의 벽은 높기만 하다. 수업 준비보다 훨씬 과중한 부서 업무에 시달리는 교사는 학습 목표를 제시하고 진도를 맞추느라 급급하기에 학습 목표를 따라가는 것은 학생의 몫이 된다.

결국 학생 맞춤형 교육에 대한 부담은 학부모에게 전가되므로 사교육을 안 시킬 수 없다는 논리로 마무리된다. 문제는 이 사교육에서조차 개별화 수업이 이루어지지 못하고 성적 올리기에 급급한 악순환이라는 것이다.

교사가 직업인 나라고 아이 교육에 묘수를 가지고 있겠는가. 그저 기본을 따를 뿐. 체력을 다지고 기본기를 탄탄하게 다지는 방법밖에 없다. 약간의 자신감이라면, 이러한 격차를 줄일 수 있는 방법으로 '독서'에 대한 뿌리 깊은 믿음이 있다는 것이다.

정확히 말하면 문해력에 대한 믿음이다. 문해력은 다양한 내용에 대한 글과 출판물을 사용하여 정의, 이해, 해석, 창작, 의사소통, 계산 등을 할 수 있는 능력이다. 내가 읽은 글을 바탕으로 새로운 의미를 창출해내고, 융합하는 능력까지 포함한다.

4차 산업혁명 시대가 열리고 인공지능에 대체되지 않으려면 나만의 생각을 창의적으로 구성하고 표현하는 능력을 키워야 한다고 많은 전문가들이 말한다. 그 능력을 키울 수 있는 기초 중 하나가 독서다.

내 인생을 돌이켜보면 힘든 고비마다 구원이 되었던 것 역시 책이었다. 친구와 잘 지내지 못할 때, 낙오자가 된 기분이 들 때, 자기혐오와 시기, 질투심에 휩싸일 때마다 책을 찾았다. 그때마다 책속의 호소력 짙은 문장들은 나에게 구원이 되었다.

마치 작가가 나의 상황을 알고 쓴 것처럼 위로가 되어 절대적인 고독과 외로움을 잠시 내려놓을 수 있었다. 더 이상 살고 싶지 않은 순간에도 어떻게 해서든 희망을 찾고자 책을 읽으면 바닥 친 마음이 살며시 올라와 조금은 단단해졌다. 스스로 찾아 읽은 책 속 지식은 나의 경험 안에서 의미가 재구성되며 명료해졌다.

나는 아이들에게 책을 즐겨 읽는 즐거움을 꼭 알려주고 싶었다. 그래서 아이들이 병원에서 태어나 집으로 왔을 때부터 아무리 힘든 일이 있어도 매일 꼭 책을 읽어주었다. 시골집에 내려올 때도 아이들 책이 짐의 대부분이었다.

아이들은 유치원에서도, 집에 와서도 끝없이 실컷 놀았다. 다른 아이들도 모두 놀았고 선생님들도 편안한 마음으로 아이들의 놀이와 성장을 기다려주셨다.

손가락 힘이 약한 우리 선후는 책상에 앉아 그림을 그리고 글씨를 쓰고 붙이고 오리는 활동을 너무 싫어했었다. 그런 모습을 보며 도시의 어린이집 선생님들은 상담 때마다 "친구 관계도 훌륭하고 선생님도 도우려고 노력하며 마음 씀씀이가 성숙하고 예쁘지만, 학업적인 면에서 흥미가 떨어지는 부분이 좀 아쉽다"라고 하셨는데, 시골 유치원에서는 그런 말을 들어본 적이 없다.

오히려 내가 먼저 초등학교 입학하기 전에 어떤 부분을 집에서 보강해야 할지 선생님께 물었다. 그때 선생님은 아이의 특성을 짚어주시며 지금으로 충분하며 입학하면 비슷한 수준의 아이들이 모이니 수업을 통해 하나씩 배워나가면 된다고 선행에 대한 불안감을 잠재워주셨다.

"아이들이 놀아야 산다"는 말은 참말이었다. 부족한 점에 집중하지 않고 편하게 놀이처럼 조금씩 그림을 그리게 냅뒀다. 어느새 아이는 손아귀 힘이 생겼고, 오리고 붙이고 글씨를 쓰는 행위에 자신감이 붙었다.

생기 가득한 얼굴로 해가 질 때까지 실컷 놀다 들어온 아이들은 낮 동안 놀면서 보고 생각한 것에 대해 신나게 늘어놓는다. 즐겁게 노는 동안 해결되지 않은 호기심을 모아뒀다가 질문을 쏟아내기도 했다. 거기서부터 시작이었다. 궁금하니 스스로 책을 꺼내 보기 시작한 것이다.

매일 만나는 자연 속에서 미묘한 변화를 재빠르게 눈치 채고, 책에서 배운 내용이 바로 이거였구나, 깨달으며 배움의 즐거움을 알아나갔다. 시골의 너른 공간과 놀이 동무가 있는 편안한 시간 속에서 자신이 본 것과 책에서 배웠던 것들이 연결되니 독서와 생활이 서로 다르지 않음을 스스로 안 것이다.

시골의 밤은 길다. 아이들은 어둔 저녁의 긴 무료함을 책을 읽으며 때웠다. 신기한 일이었다. 도시에서는 의무감처럼 읽어주고 내가 앞장서서 독후 활동을 해야 했었는데, 자연 속에서는 놀이 시간이 쌓일수록 책 읽기도, 독후 활동도 저절로 이어졌다.

삶의 경험치가 많아지니 하고 싶은 이야기가 한 보따리씩 생겼고, 호기심이 일어 책을 읽다가도 영감을 받으면 생각대로 만들거나 그려보는 자발성도 생겼다.

이웃 어른들이 필요한 것을 재활용품을 이용해 직접 만드는 모습을 자주 봐온 터라 아이들은 마당에 뒹구는 재활용품들을 활용해 장난감을 만들었다. 시중에 판매되는 장난감에 비하면 엉성하기 짝이 없지만 부서지면 고치고, 아이디어가 생기면 보완해가면서 로봇, 청소기, 물 뿌리개 같은 것들을 만들었다.

낮에는 자연 속에서 뛰어놀다 밤에는 책을 읽으며 지적호기심을 채워나갔다. 아이들의 마음 안에 예술성과 창의력이 자연스레 일깨워졌다.

아이들은 책 내용과 연관된 것들을 발견할 때마다 산책하며 서로 질문하고 자기 생각을 나눴다. 그런 시간이 하루이틀 쌓이자 아이는 산책하며 보고 느낀 것을 시로 읊거나 책으로 만들기 시작했다. 늦은 저녁, 이웃집에 먹거리를 나눠드리고 돌아오는 길. 아이는 별빛에 의지해 밤길을 걷다가 갑자기 시를 지어 읊었다.

"별은 잠든 하늘의 눈이다. 별은 누구에게나 있다.
산은 거인이 땅 밑에서 들어 올린 거다. 하늘로.
불은 아주 위험한 것일 수 있다. 하지만 우리에게 좋은 것이기도 하다.
아주 위험한 것도 사람들에게 소중한 걸 수 있다. 돌이 그렇다.

다칠 수 있지만 돌담이 되기도 한다.

나무는 하늘이 심었다. 씨앗이 자라 나무가 된다.

그렇게 세상은 도토리 같은 씨앗에서 시작한다.

비는 식물을 자라게 한다.

우리가 달리듯이 전기가 달리기해서 집으로 간다.

그러면 깜깜했던 집이 밝아진다.

나는 이 모든 것을 사랑한다."

아이의 시 같고 일기 같고 깨달음 같은 말들을 마음속에 담으며 걷는다. 그런 밤이면 사교육에 대한 갈증도, 남들보다 뒤처질 거란 불안감도 사라지고 그저 대견하다. 훗날, 삶에서 피할 수 없을 고통과 상실을 맞닥뜨렸을 때, 성숙하게 넘길 수 있는 자기효능감을 지금 차곡차곡 쌓아가는 중이라는 희망만이 남는다.

"정말 놀기만 하는 곳이 있다니!
세상에, 엄마! 진짜 우리를 위한 곳이 있어요!
마음껏 뛰어놀아도 누구도 그만하라고 혼내지 않아요!"

4장
—
자연의 가르침

○ ## 폭염과 한파를
즐기는 힘

▷

　　　나는 더위와 추위를 많이 타는 체질이다. 움직이기
쾌적한 환경이 되어야만 무언가 할 의지가 비로소 생긴다. 그랬던
내가 나보다 더 더위와 추위를 못 견디는 남자를 만났다.

　남편은 땀이 나기 시작하면 오만상을 찌푸리며 짜증 낸다. 평소
인내심 강하고 자제력 있는 모습은 오간 데 사라져버리고 옆 사람
이 눈치 보게 만들 정도다. 땀 좀 나는 것 가지고 왜 이렇게 불쾌함
을 숨기지 못하냐고 구박했더니 그는 습도 높고 땀 흐르는 건 정말
못 참겠다고 했다.

　시골살이를 결심하면서 제일 걱정됐던 것도 한여름의 폭염과 한
겨울의 한파였다. 시골의 폭염은 한 발자국도 밖으로 나가기 싫을

정도로 지독하다. 벌레 또한 극성이다. 여름 모기에 스무 방 이상 물린 날이면 그날 밤은 가려움과 통증에 잠 못 이룬다. 채소 따위 죽든 살든 텃밭 일구기를 때려치우고 싶은 마음까지 든다. 다음 날 해 뜨면 또 텃밭 물 주러 나가게 되지만….

게다가 시골 흙집의 벽은 겨울에 맥을 못 춘다. 보일러 덕분에 방바닥만 따뜻하고 외풍 때문에 코가 시려 이불 안에서 꿈쩍도 하기 싫어진다.

아파트에 살 때는 덥거나 추운 날은 가급적 밖으로 나가지 않았었다. 더위와 추위를 싫어하는 부모의 생활을 따라 아이들도 편리하고 쾌적하게 폭염과 한파를 넘겼다. 뉴스에서 더위와 추위로 고통받는 사람들, 에너지 낭비로 인한 환경 문제를 언급해도 우리와 상관없는 일처럼 느껴지곤 했다. 당장 아파트 안에서 1년 내내 얇은 실내복으로 지내고 있으니 날씨와 무관한 삶을 살았다.

이곳에서는 날씨를 정면 돌파할 수밖에 없었다. 아이들은 나보다 날씨에 빨리 적응했다. 폭염과 한파에도 아이들은 밖으로 나가 놀기를 멈추지 않았다. 그 속으로 기꺼이 뛰어들어 주어진 환경에 온 힘을 다해 적응하며 즐겼다.

극한의 날씨 속에도 바깥놀이는 무궁무진했다. 또 그런 날씨에만 할 수 있는 놀이가 아이들을 바깥으로 불러냈다. 더운 날에는 집 앞 개울에서 물놀이를 하며 가재와 두꺼비, 물고기 잡기에 열올렸으며, 추운 날에는 고드름, 하얀 눈, 냇가 위를 덮은 얼음이 아이들의 마음에 불을 질렀다.

여름날, 물장난을 치다 물이라도 먹으면 오만상 찡그리고 울기도 했지만 코를 힝 한 번 풀고 다시 물로 뛰어들었다. 겨울날, 꽝꽝 얼어붙은 냇가 얼음 위를 내달리면서 몇 번을 넘어져도 아이는 웃으며 일어나 또 내달렸다.

더위의 불쾌함과 추위의 냉혹함을 이겨내는 저력은 짜증이 나도 즐거운 놀이로 전환하는 지혜와 그때만 할 수 있는 것을 찾아 몰입하는 태도에서 나왔다.

아이들은 폭염을 경험하며 물의 소중함을 알았고, 지구 온난화에 관심을 가졌다. 눈앞의 계곡은 바짝 말라가는데, 수도꼭지를 틀면 물이 줄줄 나오는 것이 마음 편하지 않았던 것이다. 세숫물, 쌀뜨물을 모아 마당으로 조심조심 흘리지 않게 옮겨서 텃밭에 물을 주었다.

시골에서 한파를 경험한 아이들은 타인을 살피는 마음도 조금씩 달라졌다. 자신들이 산 밑 시골집에서 겨울 추위를 경험하면서 추위에 떠는 소외된 이웃을 위해 온기를 나눌 방법을 스스로 고민하기 시작했다. 소외된 이웃을 돕자는 취지의 자선단체 광고 영상에서 할아버지와 사는 아이의 냉혹한 겨울 생활을 보고 눈물을 글썽이기도 했다.

"아! 좋은 생각이 났어요. 나뭇가지와 신문지를 주워서 추운 밤을 보내는 사람들에게 가져다주자. 그러면 아궁이에 불을 땔 수 있을 거야. 겨울밤이 따뜻해지겠지?"

아이와 타인을 돕는 것에 대해 이야기 나눌 때, 혹시나 아이들이 '우리는 그들보다 살 만하니까 도와주자'라는 얄팍한 우월감을 가지게 되는 건 아닐까 조심스럽기도 했다. 그런데 나의 걱정과 달리 매일같이 나뭇가지를 줍는 아이를 보며 알았다. 경험에서 우러나온 진심이었다.

아이들이 하원 길에 주운 나뭇가지들은 우리 마당에 차곡차곡 쌓여갔다. 그러다 아궁이가 모든 집에 있는 것이 아니라는 사실을 알게 된 후, 아이들은 용돈을 모아 다음 겨울에는 연탄을 사서 추운 집에 사는 사람들에게 보내주겠다는 계획을 세웠다.

여름이 가고 바람결이 달라졌을 때, 마음에 환희가 차올랐던 나와 다르게 아이들은 아쉬워했다.

"엄마, 이번 여름 진짜 재밌었지?"

"뭐가 그렇게 재밌었어? 너무 덥지 않았어?"

"너무 더웠으니까 물놀이가 더 재밌었잖아. 낙동강에 누워서 물소리 들었던 거랑 마당에서 발가벗고 등목 했던 거. 그리고 어디 안 가도 마당에서 수영장 만들어놓고 유치원 갔다 오면 풍덩 들어갔던 것도 좋았어. 모두 여름에만 할 수 있는 것들이잖아."

"진우는 뭐가 좋았어?"

"나도 형처럼 계속 물놀이하는 거요. 유치원에서도 했는데, 어디를 가나 물에 풍덩 들어가서 첨벙첨벙 놀 수 있어서 좋았어요. 밤마다 마당에 돗자리 펴고 누워서 별 보는 것도 좋았어요. 우리 별똥별 떨어질 때 소원도 빌었잖아요. 아빠가 북극성도 알려줬고. 사실 나는 다 좋아요. 우리 가족이랑 친구들이랑 노는 거, 다요."

겨울이 가고 아침 공기가 더 이상 사납지 않게 되었을 때에도 아이들은 여름 때처럼 겨울의 끝자락을 아쉬워했다.

"이번 겨울 추워서 더 재밌었는데. 아궁이에 불 피워서 군고구마 구워 먹는 것도 참 좋았고, 논에 물 대놓고 꽁꽁 얼려서 썰매 탄 것도 재밌었어. 냇가가 꽁꽁 얼어서 돌을 아무리 던져도 결국 깨지 못했지. 진짜 대단했어! 물이 돌을 이기다니."

여름과 겨울은 서로 다른 방식으로 생에 대한 감각을 일깨웠다. 무더운 여름날에는 시원한 계곡, 숲에 무성히 차오른 생명력을 보며 생명에 대한 경외심을 가졌다. 모든 것이 잠들고 숨소리조차 사라진 적막한 겨울에는 낮은 기온 속 쨍한 공기가 콧속으로 훅 들어와 폐까지 순식간에 도달하는 순간, 내 존재를 생생히 느꼈다. '나는 이렇게 차갑고 날카로운 공기를 들이마시며 살고 있구나. 여기 지금, 숨 쉬며 존재하고 있는 것만으로 경이롭다'라고 겨울 한가운데에서 생각했다.

텃밭에서 수확하는
삶의 지혜

▷

상주로 내려온 지 몇 달째. 이웃들은 농사짓느라 분주했다. 자신은 없지만 나도 아이들과 함께 뭐라도 심어보고 싶어졌다. 그래서 아이들과 장날에 나가 각자 키우고 싶은 모종을 사오기로 했다.

시장에 다녀오는 길, 아이들과 비료를 사 땅을 일굴 것인지, 음식물 쓰레기를 발효시켜 땅을 일굴 것인지부터 상의했다. 아이들은 지렁이를 이용해서 화학 비료나 농약 없이 농사를 지어보자고 입을 모았다. 친환경으로 농사를 지으려면 자연 퇴비를 만드는 것이 좋다고 말해줬더니 아이들이 퇴비 만드는 방법에 대해 물었다. 그때부터 농사 관련 책을 열심히 뒤적거렸다.

일반 축산 퇴비는 항생제가 들어 있다. 자연 농법으로 땅을 일구기 위한 거름을 만들 때에는 탄소와 질소 비율 조절이 중요하다. 퇴비를 만들 때 박테리아가 번식하여 식물에 피해 줄 수 있기 때문에 육고기나 생선, 유제품은 빼고 질소 성분이 나오는 버리는 채소나 계란 껍질, 풀과 탄소 성분이 나오는 종이, 나뭇가지, 낙엽 등을 섞어보자고 제안했다.

주말마다 부모님이 오셔서 아이들에게 농사짓는 법, 땅 일구는 법, 여러 식물 특성 같은 지식들을 나누어주셨다. 우리는 절기에 맞는 작물들을 심기 위해 때마다 시장으로 나갔다.

자신들에게 주어진 조그만 땅 구석구석에 첫째는 상추, 브로콜리, 가지, 수박 모종을, 둘째는 옥수수, 고추, 토마토, 호박 모종을 골라 심었다. 심고 나서는 물도 주고 모종들을 향한 예쁜 격려를 건네는 것도 잊지 않았다.

여름날, 더위와 벌레 공격도 참아가며 부지런히 물을 주고 잡초를 뽑았다. 들인 노력만큼 수확이 늘 만족스럽지는 못했다. 고추와 토마토, 호박은 주렁주렁 열렸지만 화학 비료를 쓰지 않다보니 가지는 다섯 개 남짓이고, 옥수수에는 벌레가 너무 많이 붙었다. 수박은 아예 열리지도 않았다. 이런 결실을 보고 아이들보다 내가 더 실망했다. 이렇게 노력했으면 그만큼 대가가 있어야하는 건데 싶어 힘이 빠졌다.

아이들은 나와 다르게 새끼손가락만 한 모종이 자라고 자라, 이렇게 일용한 식량이 된다는 과정 자체에 놀라워했다. 두더지가 고구마를 갉아먹은 것도 재밌어했고, 벌레들이 그렇게 탐냈는데도 끝끝내 맺힌 열매들에게 고마워했다.

옥수수를 좋아하는 둘째는 시장에 파는 옥수수처럼 알이 고르지 않고 울퉁불퉁 못생긴 모양으로 열린 것을 신기해했다. 자기들이 키워서 이렇게 맛있고 재밌는 옥수수가 열렸다면서 뿌듯해하는 한편, 직접 키운 채소가 진짜 맛있다며 왜 시장에서 사온 채소들과 맛이 다른지도 궁금해했다.

고구마를 밭에서 수확해 박스에 담아 보관한 날 저녁, 첫째 선후는 골똘히 생각하다가 말했다.

"엄마, 우리 가족은 헬렌 니어링의 삶과 비슷해요."

"헬렌 니어링?"

"책에 나오는 헬렌 니어링이에요. 헬렌 니어링도 자연을 사랑했잖아요. 먹을 만큼만 농사짓고 비료도 안 쓰고요."

우리는 잠들기 전에 함께 책을 읽는데, 선후는 위인전 속 위인들과 우리 삶의 비슷한 점 찾는 것을 특히나 좋아했다. 때마침 읽은 《헬렌니어링》에서 자연과 조화로운 삶을 살며, 농사로 자급자족한다는 점에서 우리와 비슷하다고 말한 것이다.

나는 그녀의 책 《조화로운 삶》, 《아름다운 삶, 사랑 그리고 마무리》, 《헬렌 니어링의 소박한 밥상》을 읽고 단순하면서 자연과 조화로운 삶을 살고 싶다는 소망을 지니고 있었던 터라 아이의 말에 선명한 기쁨을 느꼈다.

아이들과 내년에는 어떻게 하면 농사를 더 잘 지을 수 있을지도 의논했다. 가족 회의 때마다 아이들은 품고 있었던 농사에 대한 생각을 적극적으로 발표했다. 그때마다 자신들이 어른인 엄마보다 더 농사를 잘 짓는 것에 강한 자부심을 보였다.

나는 농사에 서툴러 설명을 듣고도 어떤 것이 양파고 파인지 잘 구분하지 못한다. 고구마를 호미로 마구 캐서 상처 입히기 일쑤인데 아이들은 달랐다. 귀신같이 뿌리채소의 종류를 알아챘다. 잎사귀만 보고도 땅속에 묻혀 있는 것이 마늘인지, 땅콩인지, 고구마인지, 감자인지 정확하게 맞췄다.

"너희들은 어떻게 알아맞힐 수 있니? 열매가 땅속에 있어서 눈에 보이지도 않는데."

"엄마, 자세히 보세요. 잎이 다르잖아요. 줄기 색이랑 모양이랑 크기도 다른데 왜 몰라요."

첫째가 팔짱을 끼고 기고만장하게 말하면 둘째도 맞장구쳤다.

"엄마가 모르면 내가 알려줄게요. 잎이 이런 색깔이고 뾰족하면 마늘잎이에요. 알겠죠?"

"너희들은 진짜 관찰력이 좋구나. 물도 잘 챙겨주고 잡풀도 뽑아주니 농사를 잘 짓지. 엄마도 너희들 덕에 하나 또 배우네."

잘 아이들에게 다정한 칭찬을 건네면 아이들은 스스로를 대견해했다. 그 귀엽고 기특한 기색을 보고 있으면, 자식 농사 잘해보자고 텃밭 농사도 짓고 있는 나까지 즐거워진다. 우리는 미약한 수확물에도 불구하고 실패를 잊은 사람들처럼, 포기를 모르는 사람들처럼 가을걷이가 끝난 빈 땅에 가을배추와 대파를 심었다.

김장철에 아이들은 마당에서 무를 쑥쑥 뽑아서 할머니와 앉아 김치를 담갔다. 수확량이 부족해 보였는데, 가을배추는 과하지도 부족하지도 않게 딱 김치 한 통이 되었다. 아이들은 원래도 김치를 잘 먹었지만 자신들이 만든 김장은 말해 뭐하겠는가. 흰 밥에 깍두기 하나 올려 맛깔나게 매끼를 먹었다.

결실의 기쁨도 있었지만 아이들이 텃밭 농사에 임하는 태도는 더 빛났다. 아이들은 밭을 고르며 나온 돌에 그림을 그리고, 날씨가 농작물에 왜 중요한지도 깨쳤다. 텃밭에 머물면서 독성이 있는 풀과 먹을 수 있는 풀 구분하는 법을 알았고, 온갖 곤충들을 보며 해충과 익충에 대해 공부했다. 텃밭 농사를 거들면서 아이들은 농사 순서를 외우고, 일의 흐름을 파악하는 힘도 기르고 있었다.

말라가는 식물을 보면 우리 밭이 아니라도 물 주었으며, 무더위에 살아남은 토마토를 먹을 때마다 마음까지 맑아지는 기분이 든다며 "고마워. 잘 먹을게"라는 인사도 건넸다. 생명의 순환과 식량의 소중함에 대해 설명하지 않아도 절로 깨치며 아이들은 일과 놀이의 중간 어디 즈음에서 자랐다.

한 해를 꼬마 농부로 지낸 아이들은 손과 머리, 가슴을 쓰는 생활 예술가가 되었다. 노동이 되지 않을 만큼의 작은 텃밭에서 아이도 나도 작은 생명들의 아름다움을 느끼며 영적인 성장을 하고 있었다.

나는 첫째 선후가 초등학교에 입학하는 날, 선물로 씨앗을 주기로 마음먹었다. 그리고 아들에게 이렇게 말해야지.

"너도 알겠지만, 씨앗을 심는다고 다 싹이 나는 건 아니야. 조건이 모두 맞을 때를 기다렸다가 용기 내서 싹을 틔우는 거래. 용기를 내지 않으면 씨앗은 땅속에만 묻혀 있다 죽거든. 그 결심의 순간은 씨앗만이 알고 있어. 너만의 싹을 틔우기 위해 학교에서 부지런히 배우렴. 그 배움이 너의 도전에 용기를 심어줄 거야."

첫째는 유치원을 졸업하는 날, 둘째는 유치원 종업식 날 외할머니로부터 특별한 선물을 받았다. 원래는 아이들 키만 한 나무를 사주고 싶었는데, 인터넷으로 사다보니 광고 이미지에 속아 20센티미터도 안 되는 크기의 묘목이 도착했다.

아이들은 비슷비슷한 묘목 화분 두 개를 두고 어떤 것이 더 큰지 곁눈질하기 바빴다. 어떻게든 조금이라도 더 크고 튼튼한 놈을 자기 나무로 삼고 싶어 하는 마음이 빤히 보였다. 첫째는 둘째가 선택한 묘목이 더 큰 것 같다고 동생을 따라다니며 바꾸자고 설득

하기까지 했다. 그 다툼을 보다 못한 나는 아이들에게 말했다.

"지금 어느 나무가 큰지는 중요하지 않아. 아직 아주 아기 나무라서 자라는 중이거든. 크게, 빨리 크는 것보다 느리게 자라더라도 충분히 햇빛을 머금어 단단한 줄기를 가지고, 흡족한 물을 머금어서 튼튼한 뿌리를 가진 나무로 자라도록 돕는 게 더 중요하지 않을까? 나무대가 충분히 크지 못하면 바람이 불 때마다 위태롭게 휘청거릴 테고, 뿌리는 약한데 키만 크면 보통의 바람에도 아예 뿌리 뽑혀버릴지도 몰라."

아이들은 그 말에 더 이상 서로의 나무를 견주며 욕심 부리지 않았다. 볕 좋은 어느 날, 나무를 심으며 아이들은 다짐할 것이다. '너만의 속도로 차근차근, 단단히 자라주렴.' 할머니가 묘목을 통해 아이들에게 하고 싶었던 말이기도 하다.

아이들의 바람이 이뤄진다면, 아이들에게 이 나무는 '나의 라임오렌지 나무'가 될 것이다. 나무에게 이름을 붙여주고 인사도 건네고, 때로는 어른에게 이해받지 못할 마음도 터놓으며 그렇게 서로의 성장을 견주는 날이 오겠지.

○ "사람들은 왜
쓰레기를 함부로 버리는 거예요?"

▷

　　　　　우리는 걸었다. 그저 마을 여기저기, 숲의 오솔길, 계곡 낀 산책길을 걸었을 뿐이다. 걸으면서 자연을 만났다. 공기 냄새, 바람결, 땅의 색, 계곡물의 속도, 곤충들의 움직임 등 자연은 매일 다른 얼굴로 우리를 반겼다. 나고 자란 자리에서 꼼짝 없이 살면서도 날마다 새로움이 스치는 나무들을 보며 걸었다.

　　이토록 찬란한 생명력을 해치는 존재는 바로 우리, 인간이었다. 아무리 깊숙한 숲으로 들어가더라도, 개발의 손길이 비켜간 시골 골짜기 구석구석에도 쓰레기가 난무했다. 주위 낙엽이 썩어 사라져도 쓰레기는 형태조차 변하지 않고 존재해 죄책감을 느끼게 했다. 청솔모도, 고양이도, 뱀도, 벌레도 쓰레기가 쓰레기인 줄 모르고 물고 뜯고 스치며 살고 있었다.

하원하고 집에서 저녁을 먹었는데도 여름해가 아직 남아 있는 저녁. 아이들은 집게와 쓰레기봉투를 가지고 다시 학교로 향한다. 버려진 일회용 마스크, 과자봉지, 플라스틱 물병을 게임하듯 주어 담는다. 가끔 자신이 걸어온 길을 뒤돌아보며 씨익 웃는다. 저녁노을이 머무는 운동장에서 아이들은 또 한바탕 뛰어놀기도 한다.

아무도 알아주지 않는 일이지만, 아이들은 산책을 나갈 때마다 쓰레기봉투와 집게 챙기기를 귀찮아하지 않는다. 우리가 사는 동네고, 우리가 다니는 학교니까 깨끗이 하고 싶은 마음에서다.

"엄마, 쓰레기통이 있는데 사람들은 왜 쓰레기를 함부로 버리는 거예요? 썩어서 없어지지도 않는데. 마스크도 아무 데나 버리고 비닐봉지도 아무 데나 버리고. 고양이가 쓰레기인지도 모르고 마구 뒤지고 먹고 그러잖아. 속상해."

"진짜 우리가 매일 줍는데 왜 자꾸 쓰레기가 나오지?"

매일같이 마구 버려져 있는 쓰레기들은 아이들에게 풀리지 않는 수수께끼였다. 아이들이 동네를 돌아다니며 플로깅(조깅이나 산책을 하면서 쓰레기를 줍는 활동)을 하는 모습을 기특하게 봐주신 선생님께서 상장을 만들어 주시기도 했다. 상을 바라고 한 행동은 아니지만 자신의 작은 선행이 인정받자 아이들은 더 열심히 쓰레기를 줍고 분리하고, 더 줄이려고 노력했다.

쓰레기는 때때로 장난감으로 재탄생했다. 아이들은 재활용도 되지 않고 쓸모를 잃었으나 재탄생의 가능성을 가지고 있는 물품들을 모아놓고 상상력을 발휘했다. 박스는 우주선이 되고, 빨대를 이어 붙이면 작은 모종이 기대어 성장할 버팀목이 되었고, 나무 조각은 오두막의 장식품이 되고, 깨진 타일 조각은 집을 꾸미는 예술 작품의 소재가 되었다.

아파트에 살 때는 분리수거만 제대로 하면 생태 교육을 하고 있다는 안일한 자만에 빠졌었다. 다음 날 누군가의 수고로 쓰레기는 흔적 없이 사라지고 여전히 아파트는 흐트러짐 없이 깨끗했다. 아이들에게 일회용품을 줄이자고 말하면, 아이들은 분리수거 잘해서 재활용하면 되지 않느냐고 되물었었다. 나 역시 그렇게 생각하지 않았다면 거짓말이다.

시골에서는 아파트처럼 체계적으로 분리수거함이 구분되어 있지 않아서 플라스틱과 종이류를 개인이 직접 분리해 배출해야 한다. 비닐류는 재활용품으로 수거하지 않는다. 도시에서처럼 분리수거 하기가 힘드니 어떻게든 플라스틱과 비닐류를 줄이고 재사용하는 수밖에 없다.

일주일에 한두 번 쓰레기차가 오기까지, 몇 가구 되지 않는 마을에 쓰레기는 산더미처럼 쌓인다. 고양이들이 밤사이 마구 비닐을 뜯어서 이튿날이면 쓰레기가 길거리에 흩어져 있기 일쑤였다. 날씨가 궂으면 비바람에 종이류나 스티로폼류는 날아가 길가와

하천가에 한없이 가벼운 자세로 뒹굴고 있었다. 그 풍경은 보기 불편하고 괴로웠다.

"저 쓰레기들을 어떡하지?"

폭풍우가 지나가고 난잡해진 풍경을 두고 절로 나오는 나의 푸념을 듣고 아이들이 외쳤다.

"우리가 치우면 되지!"

아이들은 누군가의 수고를 기다리지 않고, 우리가 할 수 있는 것을 바로바로 실천했다. 고인 냇가에 떠다니는 스티로폼을 막대기로 건져냈다.

마을 쓰레기 수거장에는 쓰레기 수거차가 지나간 후에도 종종 재활용되지 않아 수거해 가지 않은 쓰레기들이 남아 있었다. 우리는 종량제 봉투를 사와서 남은 쓰레기를 담았다. 그래야 비바람이 몰아쳐도 쓰레기가 날아가지 않고, 들짐승들이 그것을 쓰레기인 줄도 모르고 탐하다 다치지 않는다.

그 후로도 아이들은 어디든 외출할 때마다 도시락과 집게와 쓰레기봉투를 챙겼으며 나는 불필요한 탄소 배출과 포장지를 줄이기 위해 인터넷 쇼핑을 줄이고 지역 시장을 이용했다.

환경을 지키기 위한 우리의 작은 실천들의 배경에는 ESG(기업의 비재무적 요소인 환경·사회·지배구조)와 탄소 중립에 대한 전 세계적 관심이 있다. 정부가 기후 위기 대응을 위해 유치원부터 고등

학교까지 생태 전환 교육을 강화하면서 2022학년도 개정 교육과정부터 생태 전환 교육이 모든 교과에 반영되었다.

한 예로 서울시 교육청은 학생들이 순수한 생의 기쁨을 맛보며 자연과의 회복을 만들어가는 생태 시민으로 성장할 수 있길 바란다며 전남도 교육청과 협약을 맺어 농촌유학을 진행하고 있다.

2021년 처음으로 교육청이 주도해서 실시한 '전남농산어촌유학'은 도시 학생들이 한두 학기 동안 전교생 60명 미만의 작은 시골 학교를 다닐 수 있도록 교육청과 기초지자체에서 교육과 주거 문제를 해결, 지원해주는 프로그램이다. 지원 대상은 서울 지역 초등학교 4학년부터 중학교 2학년까지다. 형제자매가 같이 오거나 가족이 체류할 경우에는 초등 저학년도 가능하다.

농어촌 학교에서는 체험 학습과 특화된 방과 후 수업 프로그램을 제공하고 있어 학생들은 비싼 돈을 들여 학원을 다니지 않아도 다양한 교육을 받을 수 있다. 뿐만 아니라 학생들은 한 시절을 자연 속에서 보내며 자신과 이어진 환경을 탐색하고, 그 속에서 살고 있는 자신이라는 존재도 다독이며 생태 시민으로 성장할 수 있다.

물론 시골에서만 그런 기회를 가질 수 있는 것은 아니다. 생태 교육이 중요해진 만큼 도시의 학교에서도 환경 동아리, 학교 텃밭과 학교 숲 가꾸기 등 전문적이고 다양한 수업이 이뤄지도록 애쓰고 있다.

생태 교육에 대한 여러 방법들이 있지만 그저 아이와 손잡고 숲

속을 걷다보면 자연과 인간의 삶의 공간이 결코 다르지 않음을 알게 된다. 굳이 시키지 않아도, 굳이 배우지 않아도 자연 속에서 어른도, 아이도 알아차릴 것이다. 내가 살아 숨 쉬는 이 공간을 지켜야 한다는 것을.

○

몸과 마음의 근육이
함께 자라는 중

▷

첫째 선후가 며칠 전에 친구와 놀다가 속상한 일이 있었다고 털어놓았다. 친구와 놀이 규칙을 가지고 의견 차이가 생겨 투닥거렸는데, 입술 가까이에 딱밤 한 대 맞고 입안에 피가 나는 것으로 대화가 끝났다고 한다.

선후는 피가 났다는 것에, 딱밤 앞에 무력했다는 것에, 도와주는 친구가 없었다는 것에 대해 자책하고 분노했다. 남자아이들 사이에서 흔히 벌어질 수 있는 일이었다. 속상했겠다며 다독여줬지만 아이의 상처는 오래갔다.

기분 전환 겸 선후가 제일 좋아하는 곳으로 물놀이를 갔다. 한여름 아무도 없는 낙동강 얕은 물로 아이는 천천히 걸어 들어갔다. 아이는 물살을 휘저으며 놀았다. 그 뒤를 따라 나도 강물 속을 걸었다. 찰박거리는 강물은 놀랄 만큼 유순하고 따뜻하고 차분했다. 무릎까지 감싼 강물이 우리를 쓰다듬으며 흘러갔다.

아이는 누가 알려주지 않았는데, 내가 그 나이었을 때 했던 것처럼 강바닥에 드러누웠다. 귓가에 강물이 찰바닥거리며 스쳐 지나갈 것이고 이윽고 세속의 소리도 잠겼으리라. 저렇게 얕은 물에 누워 있으면 강물이 부드럽고 시원한 손길로 나의 몸 구석구석 쓰다듬고 토닥여준다. 그렇게 누워 있다가 집에 갈 때쯤이면 귓가에 울리던 시끄러운 소리도, 내 마음의 소란도 다 쓸려나가고 없어진다.

"엄마, 강물은 나보다 더 하고 싶은 얘기가 많은가봐. 끊임없이 노래하네?"

"강물이 무슨 노래를 그렇게 불러댄대?"

"엄만 못 들었어?"

"응."

"그럼 나한테만 불러주나봐. 나한테만 말했나봐."

며칠 후, 아이는 저번에 싸웠던 친구랑 친해졌다고 말했다.

"나랑 다른 사람도 있는 거니까. 나는 그 애가 좋아. 이제 친구들 말도 잘 들어주고 양보도 하고 나를 지킬 수 있는 힘을 길러야겠어."

선후는 그해 여름 몇 날 며칠을 강물에 몸을 맡겼다. 그렇게 강물이 속삭이는 노래에 섞인 마음의 소리를 들으며 성장했다. 아이를 키우는 아주 큰 손길이 하나 늘어나 든든했다. 그 손길은 부모나 여느 교육 기관의 가르침과는 확연히 달랐다.

산과 계곡물, 논밭을 뛰어다니는 아이들에게 교훈 어린 말소리 없이 스스로 깨치는 마법을 선사한다. 그 마법은 자연 속 미세한 변화와 자연 법칙을 보여줄 뿐인데 아이들은 삶을 살아낼 지혜를 배운다.

드넓은 자연 속에서 걷고 뛰어놀며 평생 사용할 튼튼한 체력 정도만 얻어 가리라 생각했다. 그런데 기대 이상으로 많은 것을 얻고 있다. 아이들은 몸의 근육과 함께 마음의 근육까지 기르고 있었다. 자연을 자주 접하고, 직접 보고 만지며 느끼는 평범한 하루 속에 아이들은 자주 행복해했다. 상처를 숨김없이 드러내고 남김없이 치유받았다.

아이뿐만이 아니었다. 나 역시 상처를 드러내는 것은 치욕이라 생각해 아픔을 묻어두고, 수치심을 견디며 일했었다. 아픈 기억이 일상에서 불현듯 떠오를 때마다 우울함을 떨치려 밖으로 나와 걸었다. 아픈 기억들을 곱씹으며 자연을 곁에 두고 걸었다. 내 시선은 내면으로 향하다가도 생명력 가득한 자연으로 향했다.

스스로를 토닥일 수 있었다. 내가 가진 고민들이 길 위에서 풀리기도 했고 희석되기도 했고 재해석되기도 했다. 그러면 그 기억들은 더 이상 숨기고 싶은 상처로만 남지 않고 지금의 나를 만드는 과정의 하나로 바뀌었다. 생명력 가득한 자연 속에 살면서 우리는 곧잘 너그러워졌으며 갈수록 단단해졌다.

이곳에 온 이후로 진심으로 행복하다는 생각을 자주 한다. 그러자 고단하고 외로운 육아에서 벗어나 편안한 육아, 아이도 나도 행복한 육아를 하게 되었다.

직업이 교사라도 학생을 가르치는 것과 내 아이를 키우는 것은 다른 문제였다. 처음 부모가 되고 아이를 키우면서 많이 혼란스럽고 흔들렸었다. 일관성 없는 내 육아법과 불안 속에서 아이는 함께 고생해야 했다.

그런데 시골 생활을 하면서 너무 많은 육아 정보에 휘둘리지 않고 우리 상황과 내 아이에게 맞는 것들을 집중적으로 선택해 공부할 수 있었다. 시골로 온 만큼 건강하고 행복하게 밀도 높은 삶을 살자는 방향성을 명확히 인지했기 때문이다. 덕분에 우리 아이가 그 존재만으로 너무너무 소중해졌다. 남들이 좋다는 것을 다 해주고 싶은 욕심도, 조급함도 내려놓을 수 있었다.

아이들과 그 감동을 향유하며 숲길을 걷다보면 당송팔대가인 유종원의 〈종수곽탁타전種樹郭駝傳〉에 나오는 정원사 곽탁타의 이야기가 떠오른다. 곽탁타라는 이름은 곱사병을 앓아 허리가 굽은 그의 모습이 낙타와 비슷해서 붙여진 것이다. 그에게는 어떤 나무를 심든 백발백중 잘 키우는 재능이 있다. 그 비결을 묻는 사람에게 곽탁타는 이렇게 얘기했다.

"나는 나무를 오래 살게 하거나 열매가 많이 열게 할 능력이 없다. 나무의 천성을 따라서 그 본성이 잘 발휘되게 할 뿐이다. 무릇 나무의 본성이란 그 뿌리는 퍼지기를 원하며, 평평하게 흙을 북돋아주기를 원하며, 원래의 흙을 원하며, 단단하게 다져주기를 원하는 것이다. 일단 그렇게 심고 난 후에는 움직이지도 말고 염려하지도 말 일이다. 가고 난 다음 다시 돌아보지 않아야 한다. 그렇게 해야 나무의 천성이 온전하게 되고 그 본성을 얻게 되는 것이다. 그러므로 나는 그 성장을 방해하지 않을 뿐이며 감히 자라게 하거나 무성하게 할 수가 없다. 그 결실을 방해하지 않을 뿐이며 감히 일찍 열매 맺고 많이 열리게 할 수가 없다."

_신영복, 《강의》(돌베개)

곽탁타의 나무 심기는 '나무의 천성에 따라 잘 심는 것'과 '아이의 독립성을 인정하기'라는 점에서 육아와 유사하다. 아이의 기질대로 키우되 잘 키우려는 마음이 너무 커져버려 부모의 그늘 아래 키우려 하지 말자. 제 힘으로 저만의 삶을 잘 꾸려가도록 하자. 그리하여 아이가 제 힘으로 생을 살아가려는 마음이 생길 때 그저 충만한 격려로 아이의 독립을 응원하자는 마음으로 오늘도 숲길을 걷는다.

아날로그 라이프로
삶의 기본기 다지기

▷

"애들이 집에 와서 유튜브 보고 게임 하면 사실 좀 죄책감이 들었거든. 그런데 요즘같이 메타버스라든지 디지털 환경으로 급변하는 시대에는 좀 너그러워질 필요가 있는 것 같아. 애들도 아무것도 안 하는 것보다 그런 디지털 환경에서 지내다보면 익숙해지고 잘 다룰 테니까."

또래 아이를 키우는 친구들을 만나면 이런 이야기들을 종종 나눈다. 분명 디지털 기기는 아이들에게 효과적인 학습 교구이면서 육아 도우미의 역할도 하는 장점이 있다. 하지만 나는 아이들이 유아기만큼은 천천히 흐르는 시간 속에 실제로 존재하는 것들을 충분히 관찰하며 편안하고 따뜻한 아날로그적 일상을 보내야 한다고 생각한다.

아날로그라고 해서 특별한 건 아니다. 그저 아이와 부모가 함께 식물을 키우고 손 글씨도 쓰고, 부엌에서 함께 요리를 만들면서 기본적인 삶의 가치들과 생활력을 익히는 시간이면 족하다.

부모와 함께 즐기는 아날로그 문화는 아이 인생에 자기 신뢰와 심리적 안정감을 차곡차곡 쌓아준다. 이 경험은 훗날 아이가 자라 쇼윈도 행복으로 도배된 SNS에 휘둘려 박탈감을 느끼지 않으면서 자신의 행복과 친밀한 인간관계에 집중할 수 있게 한다.

우리 집 아이들은 '내가 원하지 않으면 배우지 않을 권리'를 줄곧 주창한다. 방과 후 디지털 기기를 이용한 학습을 하는 대신 엄마와 아날로그 시간 가지기로 스스로 선택했다.

영상 매체를 끄자 느긋한 저녁과 밤을 보낼 여유가 생겼다. 우리는 툇마루에 앉아 계절의 변화를 오감으로 익히며 이야기를 나눈다. 아이들의 이야기 속에는 아이만의 감수성과 세상에 대한 나름의 이해가 담겨 있다. 그리고 이야기는 언제나 자신에 대한 이해로 귀결됐다. 나 스스로에 대해 잘 이해하는 것만큼 중요한 공부가 또 있을까.

그리고 일주일에 한두 번은 아이가 직접 키운 텃밭 채소로 요리를 만들어 먹는다. 텃밭 채소로 맛있고 건강한 음식을 조리하는 방법에 대해 이야기 나눈 다음 아이들이 직접 수확해 씻고 손질

한다. 불을 사용하는 것은 일곱 살 첫째에게만 허락해줬다. 아이는 조심하며 프라이팬에 올리브유를 두르고 가지를 달달 볶은 다음, 간장을 한 숟가락 둘러 완성한 일품요리를 식탁에 올린다.

둘째는 옆에서 지켜보며 자신도 얼른 일곱 살이 되어 볶음밥 만들 날을 기다리고 있다. 요리는 측량과 온도를 이용한 과학이기도 하지만 시간과 공을 들여 만드는 정성이기도 했다.

아이들이 연필을 잡지 않고 논다고 해서 그 시간이 절대 무의미한 것은 아니다. 신나게 놀다가도 배우고 싶은 무언가를 곧잘 발견했고, 자신의 호기심을 직접 채우기 위해 공부했다. 미하이 칙센트미하이의 책 《몰입 flow》(한울림)에 이런 말이 나온다.

"공부의 목적은 더 이상 학점을 받거나 졸업장을 타는 것, 그리고 좋은 직장을 구하는 것이 아니다. 그보다는 주변에서 일어나는 일들에 대한 이해를 높이는 것 그리고 자기 경험의 의미를 이해하고 그 질을 높이는 것이 목적이 되는 것이다."

이렇듯 진정한 공부력은 하기 싫은 것을 억지로 참는 것이 아니라 좋아하는 것을 더 알고 싶은 마음으로 인내하며 즐기는 마음에서 생긴다고 생각한다.

첫째 선후의 경우 그토록 싫어하던 그림 그리기에 요즘 재미를 붙였다. 그림을 그리는 속도보다 머릿속에 떠오르는 생각의 속도가 더 빨라 색칠할 여유도 없이 낙서처럼 그림을 대충 그리고 이야기를 풀어놓기 바쁘다.

아이의 그림은 두서없이 복잡하지만, 자세히 들여다보면 이곳에서만 느끼고 깨달을 수 있는 선후의 생각이 담겨 있다. 책으로 배운 것과 경험으로 배운 것을 잘 버무려 열심히 그리고는, 자신이 만든 책이라며 동생에게 읽어주기도 한다. 아이가 그린 그림 동화에는 아이만의 성숙한 세계가 펼쳐져 있다.

그중 선후가 직접 그리고 쓴 〈하늘나라에서 노는 새끼 고양이〉는 아이가 경험한 슬픔을 치유한 동화다. 겨울 추위가 막 찾아온 11월 말, 길고양이가 우리 집 지붕 아래 틈에서 새끼를 낳았다. 지붕 아래는 화장실이었기에 아이는 볼일을 보다가 새끼 고양이의 탄생을 알아차렸다.

"엄마, 고양이가 드디어 태어났어요. 아주 가늘게 애옹애옹 하는 소리가 들려요. 두 마리예요."

새끼들의 울음소리는 날이 갈수록 힘이 실렸다. 그러다 며칠 지나지 않아 어미는 새끼들을 버리고 길 위의 생을 살러 떠나버렸다. 어미를 기다리던 새끼 고양이는 지붕으로 이어지는 틈으로 나와 지붕 꼭대기에 섰다.

아이들이 마당에서 새끼들을 향해 반갑다며 소란을 떨자 새끼들은 용기 내어 지붕 아래로 뛰어내렸다. 그러다 한 마리가 잘못

떨어져 돌바닥에 머리를 박았다. 기절했다가 깨어난 새끼는 비틀거리며 걸었다. 다음날 새끼는 결국 죽어 있었다. 살아남은 한 마리도 며칠 안 가 죽고 말았다.

그날 이후, 첫째 아이는 새끼 고양이들과 함께한 며칠에 대한 이야기를 잠도 잊고 그림으로 그렸다. 핸드폰 게임이나 즐거운 영화로 아이의 눈물과 슬픔을 단시간에 잊게 하고 싶은 충동도 들었지만, 아이의 감정을 존중하고 싶었다. 스스로 조절할 시간을 주기 위해 몇 날 며칠을 토닥이며 아이의 그림 동화를 들어주었다.

아이는 자신이 베고 자는 베개에 새끼 고양이를 그리고는 밤마다 안고 자며 충분히 사랑해주지 못한 미안함을 달랬다. 처음에는 어떻게 새끼를 버리느냐며 어미 고양이를 원망했지만, 길고양이의 삶이 고단하니 집 있는 인간인 우리가 더 잘 돌볼 수 있을 것 같아 그러했을지도 모른다며 어미를 이해하기도 했다.

둘째 진우는 형의 이야기를 들으며 같이 눈물도 짓고 형을 안아주기도 하고, 다른 길고양이들에게 다정하게 인사하며 먹이를 주는 등 자신만의 방법으로 성숙해지고 있었다.

그렇게 우리는 우리를 둘러싼 모든 것들에 마음을 열었다. 우리가 서로 어떻게 영향을 주고받는지 이해해나갔고, 자연 속에서 우리 안의 예술성을 일깨우며 감정을 조절하는 방법을 깨치는 중이다.

감정 조절이 미숙한 나이에 감정을 억제하거나 기분을 풀어주기 위해 아이에게 디지털 기기를 쥐어주는 것은 심각하게 생각해볼 문제다. 가상 세계를 통해서만 감정 조절이 가능한 사람은 현실 세계에서 주변 사람들과 갈등을 일으키기 쉽고, 자기 조절력을 기르기 힘들다. 가상 세계에만 머물지 않고 진짜 세상에서 도전하고 성취하며 자기 삶을 살아가는 힘을 우선으로 한다면, 디지털 환경에 적응하는 속도 같은 건 아무렴 상관없다.

오감으로 느낄 수 없는 것은 아이에게 가르쳐도 아이 마음에 오래 머물 수 없다. 그래서 이왕이면 직접 만지고, 느끼고, 보고, 들을 수 있는 환경을 고집했고, 기대 이상으로 자연은 아이들에게 훌륭한 선생님이 되어주었다. 부모는 아이가 살아가는 삶의 방식과 습관의 기초만 튼튼하게 잡아주면 된다.

다음부터는 오롯이 아이 몫이다. 자연 속에서 오감이 열린 아이들은 자신에 대해, 자연과 세상에 대해 골몰한 시간을 보내고, 자신이 나아가야 할 길을 내다보고, 자신을 믿고 그 길을 걸어 나아갈 것이다.

행여 그 길이 소수가 선택한 길이라도, 부모가 바라는 좀 편하게 사는 방법이 아닐지라도 괜찮다. 격려하고 인내하는 마음 그릇을 기를 사람은 바로 우리, 부모다.

하원 길, 졸졸 흐르는 계곡물에
아이들은 신발을 던져 물살에 떠내려오는 걸 잡는 놀이에 빠졌다.
그런데 하필 첫째의 신발이 수심 깊은 곳의 나뭇가지에 걸렸다.
아이는 긴 나뭇가지로 쑤셔도 보고, 돌을 던져보기도 했다.
계속되는 실패에 지친 나는 신발을 포기하자고 했다.

하지만 아이는 포기를 몰랐다.
돌의 무게를 바꿔가며 계속 돌을 던져댔다.
그 파동으로 신발이 떠내려오기를 간절히 바랐다.
마침내 수면 위에 떠 있던 나뭇가지에서 신발이 탈출해
아들의 품으로 흘러왔다.

"엄마, 나는 이제 알았어.
열심히 한다고 해도 될 수도 있고, 안 될 수도 있어.
그래도 끝까지 포기하지 않고 해보는 게 중요해."

단출하지만
우아한 나날

▷

　예전의 나로 말할 것 같으면, 대형마트의 1+1 상품을 모조리 사지 않으면 손해 보는 것 같아서 잠 못 잤던 주부다. 결혼 전에는 직장에서 받은 상여금으로 동료들처럼 명품을 사지 않은 것을 두고두고 후회했던 사람이다. 고민 끝에 명품 몇 개를 샀는데, 언제나 내 손이 찾는 건 흐물거리고 편한 에코백이었다. 쓰지도 않는 명품에 미련을 못 버리던 스타일이었다.

　그때가 최저가였는데, 그때 샀으면 돈 버는 건데, 라고 자주 후회해서 세일 기간에 물건을 사지 않는 것은 어쨌든 손해라며 무조건 질렀었다. 필요 이상으로 더 가지고 있어야 안심하는, 많이 살수록 돈 번 느낌이 드는 삶의 형태를 오래 가지고 있었다.

미니멀 라이프가 유행할 때는 '설레지 않으면 버려라'는 슬로건에 빠져 가지고 있는 것을 왕창 버렸다. 그리고 또 샀다. 나를 설레게 하는 물건은 세상에 차고 넘쳤다. 새롭고 독특한 것에 한 번 더 시선이 머물렀고 그걸 가지면 지금보다는 인생이 더 만족스러워질 거라고 생각했다.

그 시절 나는 스스로 귀한 줄 몰랐다. 사치스러운 물건이나 특별한 경험을 소비해 나를 자꾸만 증명하려 했다. 나를 채우는 운동과 독서는 변화가 더뎌 시간을 투자해봤자 내 삶이 바뀌는 것 같지 않았던 반면, 값비싼 물건과 신선한 경험들은 전시하듯 내 주변에 두는 것만으로도 단시간에 드라마틱한 기분 전환을 선사했다.

근본적으로 그런 생활에는 성장과 성찰의 즐거움이 없기에 만족감이 오래가지 못했다. 니체는 "그때그때의 체험과 보고 들은 것을 그저 기념물로만 간직한다면 실제 인생은 정해진 일만 반복될 뿐이다. 그렇기에 어떤 일이든 다시 시작되는 내일의 나날에 활용하고, 늘 자신을 개척해가는 자세를 갖는 것이야 말로 인생을 최고로 여행하는 방법이다"라고 말했다. 나는 인생을 최고로 여행하기 위해서는 기념물로 물건과 체험을 간직하지만 말고, 개척해나가는 자세를 가져야만 했다.

시골집은 크기가 좁아 미니멀 라이프가 선택이 아닌 필수였다.

내가 책으로만 보던 소박하고 단정한 삶을 실제로 적용하고 개척해 볼 기회가 생긴 것이다. 먼저 1년만 살아보자는 마음으로 시골로 내려왔기에 가진 생필품 중 반드시 필요한 것만 고르고 골라 왔다. 옷도 즐겨 입는 몇 벌만 가져와 돌려 입었다. 신발도 신는 것만 신었다. 그리하여 가장 편하게 생각하고 아끼고 필요한 것만 남았다.

아이의 낙서가 유난히 많은 벽 쪽의 문을 열고 들어서면 우리가 생활하는 단칸방이 나온다. 그 단칸방에는 작은 전면 책장 하나와 아이들과 내 책이 가득 든 높이 80센티미터짜리 사무용 캐비닛 세 개가 놓여 있다. 그리고 한쪽에는 우리 식구의 사계절 옷을 넣어둔 오래된 서랍장 두 개가 있다. 그 위에 잘 개어 올려놓은 이불 두 첩까지, 이거이면 충분히 불편함 없이 일상이 돌아간다.

손바닥만 한 집에서 불필요한 것은 주변에 나누기도 했다. 있는 것들 중 아끼는 것은 잘 활용하고, 잘 사용하지 않는 것은 그것이 필요한 사람에게 나누는 것이 환경에도 좋고 우리에게도 좋았다.

옷도, 신발도 단출했지만 우리는 초라하지 않았다. 쇼핑을 하지 않아도 궁색하지 않았다. 우리가 바라는 삶의 모습에 가까워질수록, 타인의 시선을 의식하는 태도에서 벗어날수록 삶의 형태는 단순해지고 삶의 가치는 선명해졌다. 더 이상 물건으로 나를 빛내지 않아도 나는 우아할 수 있었다.

누군가와 비슷하지 않으면 불안했던 시간들을 지나 스스로의 선택과 기준으로 인생을 일궈야 한다는 것을 받아들였다. 그러자 나만의 보폭으로 걸으며 모자라고 뒤틀린 내 모습까지 마주하게 됐다. 매일 '나 자신으로 산다'는 것의 의미를 곱씹었다. 불필요한 감정과 불안함을 툴툴 털어버리면서 걷고 걸었다.

그동안 음식과 편리함에서 얻으려고 했던 가짜 위안들이, 덕지덕지 붙어 있었던 두려움과 막막함이 걸을 때마다 털어져 나왔다. 걸을수록 가볍고 건강해졌다. 퉁퉁 부은 얼굴도, 엄마가 되고 20킬로그램 이상 찐 살들도 더 이상 연연하지 않았다.

걸으면서 생각했다. 나는 왜 더 나은 사람이 되고 싶어졌을까. 왜 부모가 되면서 잊고 있었던 꿈을 이루고 싶어졌을까. 아이를 사랑하기 때문이다.

아이가 최초로 만나는 어른은 바로 부모다. 아이에게 그 누구보다 가장 큰 영향력을 행사하는 사람이 바로 나다. 아이는 언제나 내 등을 보고 자라기 때문에 부단히 공부하고 노력했다. 아이에게 내가 생각하고 말하고 가르친 대로 살아가는 모습을 보여주고 싶었고, 세상을 사랑하는 마음으로 살아가는 태도를 보여주고 싶었다.

물론 나는 여전히 감정적으로 굉장히 미숙하고 예민한 사람이다. 부족함을 알기에 더 깊이 성찰하고 성숙한 사람이 되도록 최선을 다하고 있다. 한 사람으로서도, 교사로서도, 엄마로서도 조금씩 성장해나가는 내가 바라던 삶은 단 하나, 엄마도 아이도 행복한 시절을 보내는 것이었다.

　그 신념을 이루기 위해 나는 시골행을 택했고, 덕분에 세상일이 내 뜻대로 되지 않는다는 무기력에서 벗어날 수 있었다. 환경이 주는 특별함 때문만은 아니었다. 나를 잃고 싶지 않다는 마음, 한 번뿐인 삶을 불만과 자괴감으로 흘려보내고 싶지 않다는 마음 덕이 더 크다. 그런 마음을 가지고 시골로 내려왔을 때, 자연은 세상의 속도를 잠시 잊고 내 마음에 집중해서 나만의 속도를 회복하는 데 도움을 주었다.

　시골 생활이, 전원생활이 모두에게 다 맞는 것은 아니다. 날것의 자연은 때론 마음과 몸을 더 지치게 할 수 있고, 좁은 지역사회 곳곳에서 날아오는 포장 없는 관심은 부담이 될 때도 있을 것이다. 당신이 있는 곳이 어디든 그저 스스로 편안함을 느끼고 내 그릇에 맞는 생활을 선택하면 된다.

내 삶의 모토는
언제나 사랑

▷

　　　　　아주 어렸을 때부터 내 인생의 목표는 뚜렷했다. 어떤 삶을 살고 싶은지도 명확했다. '사랑'. 사랑만이 구원인 것처럼 나는 사람을 만나고 관계 속으로 뛰어들었다.

　초등학교 4학년, 장래희망을 발표하는 시간이었다.

　"가족을 사랑하는 현모양처가 제 꿈이에요. 좋은 엄마가 되고 싶고 남편에게 사랑받고 싶어요!"

　꿈을 말하며 괜스레 들떴던 나와 달리, 담임 선생님께서는 어딘지 아쉬워 보이셨다.

　"요즘 여자들도 다 능력이 있고 사회 활동을 해야 하니 그 꿈은 좋지 않을 것 같아."

선생님 말씀은 여성으로서 가족들에게 희생만 하기보다, 먼저 스스로의 재능과 꿈을 찾아보라는 의미였겠지만, 당시 나는 내 꿈이 낡은 구시대적 인습으로 낙인찍힌 것 같았다. 어린 나는 평소 좋아하던 선생님 말씀에 꿈을 부정당한 기분이 들어 귀까지 화끈거렸다. 그 화끈거림은 오래 남아 1년 내내 선생님을 볼 때마다, 좋은 엄마와 아내가 되고 싶다는 생각이 들 때마다 찾아와 나를 괴롭혔다.

그래서 장래희망에 '교사'라고 썼더니 선생님은 매우 만족한 얼굴로 나를 보고 웃어주셨다. 그날부터 내 장래희망은 교사가 되었다. 제법 그럴듯해 보였고, 많은 아이들이 교사란 직업을 장래희망란에 적었으니 튀지도 않았다. 그 덕분일까, '교사'가 나의 꿈인지 타인의 시선 때문인지도 잊어버리고 교사가 됐다.

교사가 되어서도 사랑하며 사는 삶에 대한 열망은 여전했다. 사랑은 함의가 깊고 넓은 만큼 뜻이 추상적이다. 그런 사랑이 내 삶의 본질이라고 말하고 다니니, 나는 종종 현실성 없는 사람 취급을 받곤 했다.

하지만 나는 온 마음을 다해 '사랑'을 향해 나아갔다. 친구와 마음을 나누는 것도, 선생님을 존경하는 것도, 힘없는 생명에 연민을 느끼는 것도, 이성의 매력에 몸 달아 나보다 상대를 먼저 생각하는 것도, 좋은 동료와 이야기 나누는 것도, 가족 일에 헌신하는 것도 모두 내 사랑의 방식이었다.

그중에서도 내 선택으로 이룬 다정한 가정에서 피어나는 사랑을 제일 갈구했다. 나만의 아름다운 가정을 만들고 싶었다. 세상에 나 하나쯤은 이렇게 뜬구름 잡듯 살아도 되지 않을까. 그저 따뜻한 밥을 지어 식구들의 뼈와 살을 지켜주고, 다정한 눈빛과 말로 그들의 정서적 허기를 위로하고, 세상에 유일무이한 우리 식구끼리 깊고 진하게 이야기를 나누고 사랑하는 시간을 보물처럼 간직한 채 살고 싶었다.

하지만 내가 바란 내밀한 사랑은 오히려 세속적인 것들보다 더 가지기 어려웠다. 인연이 이어지지 않거나 오해받는 관계들 속에서 어느 순간 나는 사랑과 결혼을 좀 포기한 채로 살았다. 결혼 적령기에도 마땅한 사람을 만나지 못해 스스로의 부족함만 탓하기 바빴다.

나처럼 열등감 한 무더기 안고 사는 사람이 부모가 되는 것은 좋지 않은 일 같았다. 이럴 바에 그냥 1인 가구로 현상 유지하는 삶을 사는 것도 괜찮겠다고 애써 합리화했다. 가지지 못한 사랑을 경시하고 젊음을 흘려보냈다.

그 즈음 나는 삶의 방향을 잡지 못하고 허우적거리며 타인의 삶을 모방하듯 살았다. 삶 속에서 재미를 전혀 느끼지 못했다. 그러다 찾은 돌파책이 인도 여행이었다. 나를 찾고 싶었다. 반복되는 일상에서 멀어져 사사롭고 번잡한 생활에서 벗어나면 진리처럼 오롯이 '나'를 마주할 수 있을 것 같았다.

2012년, 결국 남인도로 떠났다. 역시나 로망과 현실은 달랐다. 40도를 육박하는 더위에 지치고, 뭐 하나 안내서대로 되어 있는 시스템이 없다는 사실에 지치고, 끊임없이 관심을 표현하며 따라다니는 현지인들에게도 지쳤다. 내가 나고 자란 나라에서도 일상을 제대로 보내지 못했는데, 여기라고 다를 게 없었다. 나를 찾기 위해 떠난 인도에서 나는 결국 '나'를 완전히 잃어버리고 말았다.

고되고 서글픈 여행을 끝내고 한국으로 돌아와서는 오래 아팠다. 여행 마지막 날 먹은 현지 음식 때문에 탈이 났던 것인지, 잠복기를 거쳐서 몸과 마음이 지친 틈을 타 증상이 나타나기 시작했다.

너무 아파서 참다못해 내 발로 찾아간 응급실에서 결국 의식을 잃었다. 열 40도를 오르내리며 자주 환영을 봤다. 누군가가 열나는 나를 가만히 바라보기도 했고, 같이 가자고도 했다. 두루마기 한복을 입고 갓 쓴 수십 명의 사람들이 나를 둘러싸기도 했다. 그때마다 나는 허공에 대고 겁먹은 목소리로 "누구세요? 왜 쳐다보고 계세요?"라고 헛소리를 했다고 한다. 정신을 차렸을 때 내 병상을 지키고 있던 동생은 큰 눈에 눈물을 그렁거리고 있었다.

결국 한 달 넘게 대학병원 1인실에 격리되어 있었다. 그러다 또 항생제를 너무 많이 투여해서 심장에 무리가 왔다며 6인실에서 또 한 달 넘게 지냈다. 겨울에 들어간 병원 정원에 봄꽃들이 만발

해서야 퇴원할 수 있었다.

퇴원하는 날, 담당 의사가 나에게 살아남아 좋긴 한데 병원비를 감당할 수 있냐고 웃으며 말했다. 내가 젊어서 살 수 있었다는 그의 말에 나는 같은 병실에 있었던 사람들을 떠올렸다.

나보다 훨씬 나이가 많았던 분은 퇴원하면 지긋지긋한 병원 밥 대신 김치찌개를 먹으러 가자고 한 약속을 결국 지키지 못하셨다. 누군가는 중환자실로 가고, 누군가는 죽음을 맞이할 때 나는 그 시간 동안 그토록 아팠으면서도 당연히 살 거라고만 생각했었다. 나는 젊으니까. 아직 죽을 만큼 나이가 많지 않으니까.

퇴원 수속을 끝내고 공원을 지나 집으로 걸어가는 길, 내게 주어진 삶은 당연하지 않다는 걸 문득 깨달았다. 죽지 않고 살아남은 지금, 삶의 끝이 불시에 찾아올 수도 있다는 사실에 감정이 벅차올라 노란 개나리와 진분홍 철쭉 아래에 쪼그리고 앉아 울음을 삼켰다. 그리고 결국 내가 아주 오래전부터 원하던 삶은 '사랑하며 사는 삶'이라는 것을 복기해냈다.

퇴원 후 남자친구와 결혼해 아들 둘을 낳았다. 나를 바라보는 그의 눈빛을 보고 있으면, 그와의 결혼은 내 인생 가장 잘한 선택이라는 확신이 든다. 그는 욕심 없고 오롯한 눈빛으로 나를 응시했다. 그 눈빛 아래 나는 평온해졌고 나다움을 받아들이는 생활을 매일매일 할 수 있었다. 나 또한 그 사람만의 속도를 이해하고, 있는 그대로를 사랑하는 아내가 되고 엄마가 되고 싶었다.

그러나 결혼과 육아에 관한 책도 많이 읽고 노력도 했는데 아이를 키워내는 일은 도무지 쉽지 않았다. 갓 태어난 생명 앞에 실수할까봐 매일 마음 졸였다. 나, 아내, 교사, 엄마, 딸, 며느리 같은 여러 역할 앞에서도 쩔쩔맸다.

나에게 주어진 여러 역할들 중에 가장 줄이기 쉬웠던 것은 '나'였다. 아이가 너무 귀엽고 남편이 좋아서 피로도 참아가며 내가 할 수 있는 것 이상을 해내려고 애쓰다보니, 세상의 속도에서 벗어나기 싫다는 마음으로 가족들을 대하다보니 의식하지 못하는 사이 나는 점점 더 '나'로부터 멀어져갔다. 내가 원하는 삶에 대해 고민할 시간에 조금이라도 잠을 자는 게 당장 삶의 질을 높이는 데 도움되었다.

그런 생활을 멈추고 시골에서 한 시절을 지내면서 나는 적극적으로 '나'를 발견해나갔다. 애쓰지 않아도 자연을 옆에 두고 살다보니 어떻게 하면 내 삶의 본질에 가장 가까이 가닿을 수 있는지 명료해졌다.

한결 삶이 편안해졌다. 남편을 응원하고 존중하는 마음을 담아 말을 건넨다. 엄마에게 배운 대로 정성껏 밥을 지어 아이에게 먹이는 사랑을 대물림한다. 그런 나의 사랑은 유별나지도 박하지도 않게 가족의 마음으로 스며들었다.

이제 마흔셋이 된 나는 그토록 꿈꾸던 현모양처를 이렇게 정의한다. 나와 상관없는 타인에 휘둘리지 않고 나만의 가치로 사랑을 베풀고 실천하는 사람. 희생이라는 이름으로 나를 지우지 않고, 상대를 존중하는 선에서 베풂으로써 자아가 더 명료해지는 사람.

사랑이 숭고하거나 지대한 가치인지는 잘 모르겠다. 가족 간의 일상적인 사랑을 특별하다고 느끼지 못하는 순간도 많다. 그럼에도 행복을 자주 느끼는 이유는 나의 사랑이 일방적으로만 흐르지 않기 때문이다.

아이들은 스스로 밥을 먹기 시작하고, 감정 표현에 익숙해지자 망설이지 않고 자신의 마음을 표현하기 시작했다. 내가 몸살이 나 누웠을 때, 일곱 살 첫째는 냉장고에서 반찬을 꺼내고 밥솥에서 밥을 퍼 다섯 살 동생 밥을 챙겼다. 피곤해서 까무룩 잠들었다가 나오니 아이들은 자신들의 놀잇감을 치우고, 청소기를 돌리고 고사리 같은 손으로 방을 닦고 있었다.

나 역시 가족들에게 사랑을 배우기에 행복해지는 게 아닐까. 마음을 아끼지 않고, 상처받는 것을 두려워하지 않고 사랑하리라.

○

"엄마는
꿈이 뭐예요?"

▷

　　　지난 겨울은 유독 눈이 귀했다. 아이들은 눈과 눈사
람이 소재가 되는 동화책을 읽으며 눈이 내리길 내내 기다렸다.
드디어 반가운 눈이 내린 1월의 어느 아침, 아이들은 신나서 밖으
로 나갔다. 아직 사람들의 발자국이 찍히지 않은 눈길 위로 조심
스럽게 자신들의 발자국을 찍어나갔다.

　"엄마! 우리 뒤로 걸어오세요."

　아이들은 순백의 눈길만 보면 가장 먼저 발자국을 남기고 싶어
했다. 민들레 씨앗 같은 눈송이들이 서로를 덮어갔다. 앞서가던 두
녀석들이 수시로 뒤돌아보며 내가 오는지 확인했다.

　"엄마, 잘 오고 있죠? 우리가 닦아놓은 대로 걸어와야 해요."

"눈길에 미끄러지면 안 되니까요! 조심조심!"

마음에 작은 탄성이 울렸다. 아이들은 언제나 내가 보호해야 할 대상이었는데 오늘은 아이들이 나를 보호했다. 이제 조금 컸다며 아이들은 내가 그들을 대해준 방식보다 더 따뜻하고 섬세하게 나를 대해주며 자라고 있었다.

한때는 아이와 놀아주는 것이 하나의 일처럼 느껴져서 고단했었다. 일처럼 잘해내야 한다는 생각에 아이들이 놀이에 만족하지 못하는 느낌이 들면 초조했다. 이제는 아이들과 함께 지금 이 순간을 즐기며 같이 논다. 덕분에 또다시 유년시절을 보내는 것처럼 아이들과 함께 놀이에 머물 수 있었다. 이 시간은 나에게 또 다른 성찰의 기회를 주었다.

"엄마는 꿈이 뭐예요? 뭐가 되고 싶어요?"

"어? 엄마는 이미 뭐가 되지 않았어? 너희들의 엄마가 되었고 선생님도 되었고."

"그것도 맞는데, 이제 뭐가 되고 싶냐고요."

"글쎄. 엄마는 뭐 하면서 살면 좋을까."

"내가 봤을 땐 엄마는 예술가가 되면 좋을 것 같아요."

"예술가? 그림 보는 것도, 책 읽는 것도 좋아하지만 창작하는 건 자신 없는데."

"에이, 아니에요. 엄마는 예술가 같아요. 엄마 밥도 예술이고, 그림도 예술이에요!"

"형아 말이 맞아요. 엄마는 말도 예쁘게 하고, 글도 잘 쓰잖아요. 예술가 하면 딱 좋겠어요."

"고마워! 엄마와 가장 가깝게 지내는 너희들이 이렇게 칭찬해주니 너무 좋다. 부족한 실력인데 너희가 인정해주니 눈물 날 만큼 고맙네. 누가 이렇게 칭찬해주는 건 오랜만이야. 사실 엄마도 아주 오래 전부터 예술가가 되고 싶었어."

아이들에게 들킨 나의 꿈, '내 실력에 뭐', '누가 내 글에 관심 갖는다고' 하며 지레 스스로 포기한 내 꿈은 작가였다. 마음의 방향은 꼭 한 갈래가 아니어서 직업을 가지고도, 가장 바라던 가정을 꾸리고도 자주 헛헛해지고 행복의 한 조각을 잃은 기분이 들었다.

갓난쟁이 아이를 돌보며 잠이 부족해 예민한 상태에서도 자는 것보다 책 한 장 읽고 일기를 쓰는 시간이 더 절실했으며, 생각이 많아 글로 정리하는 것을 좋아했다. 쓰지 않으면 생각의 실타래를 풀지 못해 마음이 답답해졌고, 도무지 내 마음을 명확히 알 수 없었다.

또박또박 복잡하고 내밀한 마음을 쓰고 나면 글로 적어낸 삶의 굴레에서 해방되는 기분을 느꼈다. 그리고 더 이상 쓰고 싶어지지 않을 때 비로소 그 문제의 매듭을 짓고 한 발자국 내딛어 나아갈 수 있었다.

"엄마는 작가가 될래! 어렸을 때부터 다정한 글을 건네는 작가가 되고 싶었거든."

아이들은 박수를 쳤다. 나를 위해서 하는 말이라며 그 어떤 불안 섞인 걱정과 조언도 붙이지 않았다. 그저 우리 엄마는 이야기도 잘 하니까 글 쓰는 사람도 될 수 있다며 있는 힘껏 박수 쳐줬다. 나를 바라보는 아이들의 눈빛에서 순수한 격려와 지지를 느끼자 나는 무엇이든 할 수 있는 사람이 된 듯 가슴이 부풀어 올랐다.

아이들은 나를 이미 무언가 이룬 어른으로 보지 않았다. 자신들 처럼 엄마도 자라고 성장하고 꿈을 찾아가며 배우는 존재로 여겨 줬다. 그 옆에서 나도 스스로에게 무엇이 되고 싶은지, 어떻게 살고 싶은지, 그러기 위해서 어떤 것부터 해야 하는지 끊임없이 질문을 던졌다.

"포기하지 말자. 이제부터 시작이니까. 스스로 포기하지 않으면 끝까지 해볼 수 있을 거야."

나는 어렸을 적 내가 듣고 싶었던 말들을 아이들에게 종종 해줬 다. 지금도 늦지 않았다. 지금이라도 하면 된다. 너무 이루고 싶었 던 꿈이라 시작조차 조심스럽고 너무 잘하고 싶어서 시작도 전에 좌절부터 했던 꿈이었다. 재능이 없다는 말, 세상에는 나보다 뛰 어난 사람이 너무 많아 두각을 나타내기 힘들다는 타인의 평가로 나를 재단했던 과거의 열등감 늪을 그렇게 조금씩 빠져나왔다.

마흔이 넘은 나는 이제 객관적인 글쓰기 실력이야 어떻든, 날마다 쓰면서 어제보다 더 나은 문장을 쓴다는 마음으로 한 줄 한 줄 글을 써 내려간다. 무언가를 시작하는 아이들에게 지금부터 차근차근하면 나의 시간이 쌓이고, 노력도 쌓여 한 단계씩 실력이 향상된다는 말을 자주 했는데, 사실 그 말은 나에게 가장 해주고 싶었던 말이었다.

이 기세를 몰아 나도 부모님께 물어보았다.

"엄마, 아빠는 무엇이 되고 싶어?"

"이 나이에 뭐 되고 싶냐니. 재밌는 일도 새로운 일도 없이 그냥 사는 거지."

"남은 시간이 얼마나 된다고 이제 와서 뭐 한다고 되겠니?"

예상했던 대로다. 나는 아이들로부터 배운 대로 말했다.

"엄마, 아빠 나이가 뭐 어때서. 이제 재능이나 성공, 부를 떠나 내가 진짜 해보고 싶었던 것을 해보기 좋은 나이지! 미국의 국민 화가 모지스 할머니도 75세부터 그림을 그려서 사람들한테 감동을 줬잖아. 모지스 할머니가 평범한 삶의 행복을 그리면서 인생에서 너무 늦은 때는 없다고 했어. 엄마 아빠도 인생의 예술가로 살기 딱 좋은 나이야! 우리 더 이상 하고 싶은 마음을 유보하지 말아요!"

○   "안 돼"는

더 이상 안 돼

▷

　　　나는 "안 돼"를 입에 달고 살았었다. 살면서 내가 가장 많이 들은 말 역시 "안 돼"일 것이다. 안전과 안정을 세상 최고 가치로 여기는 가정에서 자랐으며, 직업상 아이들을 통솔하기 위해 "안 돼"라는 말을 자주 사용했다. 팔팔한 청소년들이 모인 공간에서 행여 사고라도 날까 예방하는 것이다.

　아이들의 도전과 시도를 격려해보자고 매일 다짐하며 출근하지만 막상 학교에서는 기상천외한 일들이 비일비재하게 일어난다. 한시도 방심해서는 안 되기에 입에서는 늘 "안 돼"가 나온다.

　그런 환경 속에서 나는 '주위 사람들과 똑같이', '평범한 안정'을 추구하며 살았다. 그래야지 비로소 두려움 없이 마음이 편해졌다.

때가 돼서 취직하고 때가 돼서 결혼하고 아이를 낳는 것에 별다른 거부감이 없었다. 이것이 사회 관습인지, 나의 오랜 소망인지 구분 없이 행했다. 굳이 분리하지 않았어도 나는 어여쁜 아이의 엄마가 되고 아내가 되어 편안한 가정을 이루는 것이 꿈이었기에 차분차분 그 소망을 이뤄나갔다.

그런데 내가 아끼는 사람들에게 "안 돼"라고 반복할 때마다 내가 들었던 수많은 "안 돼"의 기억이 스쳤다. 나의 결심과 모험을 가로막았던 어른들의 "안 돼"를 얼마나 원망하며 자랐던가.

아끼고 사랑하는 만큼 지켜주기 위해 "안 돼"를 말한다면 아이는 그 안전의 테두리에서 과연 행복할 수 있을까. 자신을 사랑하기 때문에 보호한다는 명목으로 아이가 용기 내어 시도하는 일들을 매사 가로 막는 말을 한 엄마를 아이는 사랑할 수 있을까.

나는 불확실한 상황 속에서 아이가 남과 다른 선택을 할 때, 놀이 환경에서 아이가 다칠까봐, 단체 생활에서 아이가 실수할까봐 염려되는 상황에서 "안 돼"라는 말을 자주 썼다. 외적 위험 요소를 염려하는 듯했지만 사실 아이의 행동에 믿음이 없어 나오는 말이기도 했다.

어린 시절부터 "안 돼", "너는 안 돼", "너를 위해서라도 안 하는게 좋을 거야"라는 말을 수없이 들었다. 하지만 단 한 번도 어른들이 나를 보호하기 위해서, 사랑하기에 걱정해서 그런다고 생각해본 적 없었다.

그 말들은 나의 감정과 능력을 부정하는 말처럼 들렸다. 겉으로는 걱정 어린 조언인 듯 보여도 결국은 지금 있는 상태에 머무르라는 명령 같아 반발심도 들었고, 나를 꼼짝 못 하게 만들려는 주술 같아 무기력해지기도 했다. 그런데 이제 내가 그 "안 돼"라는 말을 습관처럼 하는 어른이 되어버렸다.

　　이제는 그 틀에서 벗어나기로 했다. "안 돼"라는 말을 아예 버리진 못해도 "해도 돼"라는 말을 더 많이 하는 엄마가 되기로 다짐했다. 언젠가 아이가 물었다.

　　"엄마, 나 양말 벗어도 돼? 양말 벗고 모래놀이 해도 돼?"

　　"그럼. 대신 집에 가기 전에는 발을 씻고 신발도 스스로 털어야 해."

　　아이가 활짝 웃으며 신발과 양말을 벗어 던지고 모래사장에 뛰어들었다. 뭐 어떤가, 맨발이면 촉감 놀이가 더 즐거워질 텐데. 내가 좀 더 수고로우면 되는 거지. 아이들은 그렇게 긍정의 말들을, 한계를 제한하지 않는 말들을 익혀나갔다.

　　나는 왜 그동안 "안 돼"라는 말에 숨어서 살았을까. 나도 내가 얼마큼의 가능성을 가진 사람인지 미처 몰랐을 때, 누군가가 나에 대해 명확하게 알지 못하고 일부만 보고 나의 가능성을 평가했을 때, 나는 왜 그렇게 쉽게 그들의 안 된다는 평가에 수긍했을까. 시간을 두고 재능과 소질에 대해 천천히 알아가도 괜찮았을 텐데 시도조차 안 하고 성급하게 나의 쓸모를 찾기 급급했을까.

나의 주관보다 타인의 평가를 더 신뢰하고 포기했던 것들을 떠올려본다. 글쓰기, 그림, 운동. 그 어떤 것도 묵묵해 해낸 것이 없었다. 그리고 변명했다. 원래 좋아했는데, 누군가가 나에게 재능이 없다고, 시간 낭비라고 말해서 더 잘할 수 있는 것을 찾느라 더 이상 하지 않는다고. 그 말 뒤에 숨은 비겁함이 슬며시 떠오른다.

자신 없었던 것이었다. 내 힘을 믿지 못했기에 권위 있는 사람의 말에 숨었다. 어떻게 되든 차근차근 나아갈 생각보다 빨리 그럴듯한 인정을 받는 사람이 되고 싶다는 마음이 더 컸었다. 그래서 내가 좋아하는 것에서조차 잘해낼 수 없을까봐 지레 포기했었다.

작가가 되고 싶다고 말했을 때 국어 교사인 아빠는 세상에 똑똑한 사람이 얼마나 많은데 네 실력으로 밥벌이를 할 수 있겠느냐며 현실적인 직업을 가지라고 말씀하셨다. 나는 마음속에 가득 반항심을 가졌지만, 심술 난 얼굴로 사범대에 진학했다.

임용고시를 치지 않고 방송작가가 되겠다고 지도 교수에게 말했을 때, 확고한 실력을 지니지 못하면 누군가에게 휘둘리기 쉬운 방송국에서 일하지 말고 그냥 교사가 되라고 말씀하셨다. 나는 결국 내 실력은 이런 소리 들을 정도밖에 안 되는구나 실망했지만, 한편으로는 또 안심하며 임용고시를 쳤다.

그러면서도 두고두고 작가가 되고 싶었지만 재능 없다는 소리를 들어서, 공모전마다 떨어져서 포기했다며 그것이 마치 대단한 상처인 것처럼 말하고 다녔다. 그리고 안심했다. 안정적인 직업으로 살고 있다는 것에, 뭔가를 하고 싶었던 꿈이 있었다는 것에.

아이들과 함께 자연 속에서 뛰어놀면서 나는 씩씩해졌다. 비에도, 바람에도, 가뭄에도, 벌레에도 지지 않고 생명을 틔우는 흔한 잡풀과 들꽃을 보면서 나는 더 용감해졌다.

'못하면 어때, 누가 알아주지 않으면 어때, 내 생각과 마음을 한 줄 써보는 거지. 무명 작가로 살면 어때, 내가 내 글을 아끼고 읽어주면 되지. 왜 안 돼? 내가 왜 글을 못 써? 나는 작가가 되기에 왜 부족하다고 해? 나 스스로는 그렇게 생각 안 하는데. 아직도 미련이 남는데 포기할 수 없지.'

아이가 그렇듯, 나 역시 더 이상 "안 돼"라는 말 뒤에 숨지 않기로 결심했다. "안 돼"는 우리가 다치고 상처받고 실패할 가능성을 막아줄 수 있지만, 동시에 경험하고, 터득하고, 성공할 기회도 빼앗는다. "안 돼"라는 방패에서 발 내밀고 나오는 순간, 수동적으로 나에게 붙인 정체성들이 후두둑 떨어진다. 그리고 온전히 나답게 새살을 붙여나갈 수 있다.

그렇게 나를 채우고 나면 아이에게도 너그러워진다. 아이들이 나와는 다른 사람이란 사실을 인식하면, 있는 그대로 수용하고 긍정의 말들을 다정히 건넬 수 있어진다.

내 생각에는 불필요하고 시간 낭비일 것 같은 일들을 아이들이 해봐도 되냐고 물을 때, 머릿속으로 효율과 가성비를 따지려드는

본능적인 스위치를 꾹 꺼버린다. 방황해도, 올바른 답을 내지 않아도 되니 자유롭게 해보라고 격려하자고 다짐하며 대답한다.

"그럼, 너는 도전해봐도 되지. 해낼 수도 있고, 못 해낼 수도 있지. 그렇지만 네가 미리 안 된다고 생각하지 않고 해봤다는 것, 도전해봤다는 건 너무 멋진 일이야. 시도해보지 않으면 영원히 모르고 끝날 테니까."

잉여로운
나의 시골 생활

▷

　　"언니, 요즘 집에서 하루 종일 뭐 해요? 요즘 일거리가 넘쳐서 일당이 10만 원이래요. 나는 여기저기 전화가 와서 어제는 고구마밭에 가자고 전화 오는 걸 거절했어요. 감 깎아서 곶감 만드는 게 일당이 더 세거든요. 다음에 같이 갈래요?"

　나는 잠시 머뭇거렸다. 내가 하루 종일 뭐 하는지 말하려다가 주춤거린 것은 명훈 엄마의 삶은 생산성으로 넘쳐흐르는 데 비해 나의 생활은 비생산적이고 잉여롭기 때문이다. 그녀의 잣대로 본다면 빈둥대는 삶일 것이다.

　"아, 뭐. 이것저것 해요. 아이들 학교 가고 나면 청소하고 반찬 만들고 그림 그리고 책 읽고 글 써요. 그러면 금방 아이들 하원 시간이 돌아오더라고요."

"그럼 언니는 돈 안 벌어요?"

"네….."

"그러지 말고, 부지런 떨면 하루에 10만 원 벌 수 있는데, 같이
해요."

명훈 엄마는 아직 서른도 안 되었을 터였다. 나와 족히 띠동갑
차이는 더 날 것 같아 부러 나이를 묻지 않았다. 그녀도 그걸 느꼈
는지 단박 나를 '언니'라고 불렀다.

명훈 엄마는 아이 학원 마치는 시간에 맞춰 퇴근하는 길이라
고 했다. 원래는 마트에서 일했었는데, 최근 시부모님의 치매가
심해져서 마트를 그만두고 농사일을 거들며 일당을 받고 있었다.
명훈은 학원에서 한국어가 서툰 엄마 대신 선생님께 한국어를
배울 수 있고, 명훈 엄마는 그 시간 동안 돈을 벌 수 있으니 일석
이조였다.

"요즘 일손 부족해요. 언니도 다음에 같이 일하러 가요. 번호 줘
봐요. 내가 다음에 일하러 갈 때 연락할게요."

나는 그녀가 시키는 대로 또박또박 핸드폰 번호를 불렀다.

"일하는 거 힘들지 않아요?"

"나는 원래 베트남에서도 농사지었어요. 그래서 여기 한국 일은
하나도 안 힘들어요. 기계가 다 하는데 뭘."

"나는 농사일 한 번도 안 해봤어요. 요만큼 텃밭 가꿔보는 것도

올해가 처음이었어요. 그런데 내가 일할 수 있을까요? 서툴다고 일당 안 주면 어떡해요.”

베트남에서 온 그녀는 조금 화들짝 놀란 기색이었지만, 사회 생활 제법 한 티가 나게 얼른 감췄다. 사지 멀쩡한데 못 할 일 어디 있냐며, 누구나 할 수 있다고 다독여주었다.

다정하고 귀여운 그녀는 우리 집 감나무에 감이 별로 달리지 않은 것은 나무가 늙어서고, 농약을 제대로 치지 않아서라며 단박 문제점과 해결책을 찾아줬다. 한없이 건강한 음색과 낯빛의 그녀를 보며 신성한 몸의 노동이 그녀를 빛나게 했으리라 짐작했다.

그 후 함께 농번기 일 나가자고, 내 핸드폰 번호를 가져간 그녀는 연락이 없었다. 시골의 농번기는 누구를 가르치며 일 시킬 만큼의 여유도 없이 후다닥 하루가 지나가기 때문이리라. 새벽부터 들려오는 탈탈탈 경운기 소리, 감 따는 사람들 소리… 농번기에는 온 동네에 땀 흘리는 소리로 가득 찬다. 낮에 식당에 가면 문짝에 ‘오늘 곶감일 하러 갑니다. 휴무’라고 적힌 곳이 부지기수다.

나는 그녀가 흘리고 간 나의 잉여롭고 비생산적인 생활에 대한 놀라움과 연민을 가슴 깊이 숨겨놓았다가 가끔 상기시키곤 했다. 누군가 일하는 소리로 가득 찬 가을의 절정에서 비켜나 산길을 올라간다. 그리고 나무들을 쓰다듬으며 말을 건넨다.

“잘했어. 이렇게 멋진 단풍은 너만 가질 수 있어.”

"내가 2월에 이 마을로 내려와서 본 너의 민낯을 기억하는데, 세상에. 그 모진 가뭄도, 급작스런 장마도 이겨내고 이렇게 훌륭하게 살아내다니. 사람의 돌봄 없이도 너는 너만의 힘으로 살아남았구나."

"끝이 얼룩지는 단풍도 참으로 멋지네. 완벽한 단색만 예쁘다고 생각했는데 얼룩진 색도 멋져. 이런 얼룩짐도, 상처도 모두 멋진 것이었구나. 그걸 널 보며 알았어."

산책길 중간에서 만난 감 따는 사람들이 나를 한참 바라본다. 그럼 더 조용히 속삭이며 감나무에게 칭찬을 건넨다.

"그거 알아? 우리 집 감나무는 이번에 영 시원찮았어. 잎도 일찍 떨어트리고, 감도 익기 전에 다 떨어져서 얼마 못 남겼어. 작년엔 100여 개 정도였다는데, 그게 버거웠었는지 빨리 쉬고 싶었나봐. 너도 충분히 네 몫을 해냈으니 이제 충분히 쉬어. 나도 쉬는 중이야."

일을 아예 그만둔 게 아니라 잠시 쉬는 것뿐인데도, 마음 한편이 늘 불편했다. 쉰다고 마음 깊이 내재한 불안감이 덜어지는 것도 아니었다. 아이를 잘 키우기 위해 쉰다고 남편에게 말했는데, 그렇다고 딱히 아이를 위해 뭔가를 더 해주지도 못하고 있는 것 같다. 건강을 위해 살 뺀다고 했는데, 쉬면서 그 몸무게를 유지하는 것만으로도 벅차다.

일찍 돈을 벌기 시작해 꼬박꼬박 들어오는 월급이 나의 자존감

중 하나였는데, 돈을 벌지 않는 삶 속에서 내 몫의 쓰임을 찾는다는 것이 어떤 의미일까 매일 되새긴다.

도시에서 나는 매일 안간힘을 썼다. 마음이 불편해도 부러 많이 웃었고, 많은 일을 잘해내려고 애썼다. 타인에게 폐를 끼치지 않으려고도 노력했다. 좋은 평판을 얻으려면 맡은 일을 잘하는 것은 기본이고, 그 이상으로 친절해야 했다. 겨우 그 모든 걸 해내고도 돌아오는 인정의 말들은 너무나 박했다.

지위를 이용해 부당한 태도로 군림했던 직장 상사, 자신을 더 돋보이게 하려고 타인에게 상처 주는 언행을 자주 했던 동료, 자신의 상처가 깊어 타인에게 더 날카롭게 굴었던 학생의 막말, 자기 자식이 잘못을 해도 일순간 괴물처럼 변해 욕설을 하던 학부모, 그리고 교사의 인권 따위 개나 줘버리고 아무 일 없다는 듯 돌아가기만 하면 학교 분위기. 내가 의도하지 않았더라도 미숙한 행동으로 누군가에게 줬을 상처, 옳지 않다고 생각하면서도 일을 빨리 끝내고 싶어 침묵했던 나.

감정 상자에 후다닥 넣어두고 다시는 꺼내지 않았던 가슴 아픈 일들이 선명히 떠오른다. 그때 어떻게 하면 좋았을까 복기하다가 언제나 내 노력과 능력의 부족으로 손가락을 돌렸던 것을 그만하기로 하며, 오늘의 산책을 마무리 짓는다. 토닥토닥, 괜찮다. 용서하자. 그리고 나아가자. 더 이상 부정에 나를 던지지 말자.

집으로 돌아와 오늘 산책길에서 느낀 감정들을 활자로 풀어낸다. 외면했던 슬픔을 꺼내 언어화하면 말할 수 없을 정도의 구차함이 따라오지만, 글을 다 쓰면 나는 더 이상 이 글을 쓰기 전의 사람이 아니었다. 내가 되고 싶었던 모습으로 나아간다는 해방감이 차오른다. 건실한 노동에 뒤지지 않을 글쓰기 노동으로 의식이 빛나는 순간, 나 자신만이 스스로의 구원임을 깨닫는다.

하루 일당을 자연의 색을 알아보는 것으로 퉁 치며 돌아오는 길, 나는 확신한다. 느리고 내밀하고 비밀스러운 시간이 끝나면 더 단단해진 마음으로 일터로 돌아갈 수 있다고. 학교의 아이들이, 우리 집 아이들이 성장하고 변화하는 것을 진심으로 응원하고 격려하는 어른이 될 수 있다고. 나를 잃지 않고도 진심으로 다정함을 건네는 사람이 될 수 있다고!

삶을 증명하려 애쓰고, 다음을 위해 오늘의 행복을 유보하는 태도도 이만 버리기로 한다. 비슷비슷한 나날 속에서 나만의 속도로 일상을 예술로 만들자고 다짐한다. 그것이 내가 정한 내 인생의 몫이다.

"엄마, 나 시골에 와서 정말 행복해! 고맙습니다."
"행복해? 뭐가 그렇게 널 행복하게 만들어?"
"살아 있는 것이 이렇게 많은데 어떻게 안 행복할 수가 있어.
벌레도 많고, 매일 꽃도 피고, 나무도 춤추고!
이렇게 생명이 많을 수가 있다니!"

"꿀벌처럼, 개미처럼, 나비처럼
살려고 여기 왔지"

얼마 전, 아이가 코로나에 걸렸었다. 연달아 확진된 남편이 바가지로 물을 퍼가며 아픈 아이들을 씻기다가 대뜸 화를 냈다.

"결국 이렇게 코로나19에 걸릴 거였는데, 시골로 왜 왔을까. 너무 불편해!"

그 말에 갑자기 우리의 시골 생활이 불편하고 고단하게 느껴졌다. 배달도 안 되는 지역이라 아픈 몸을 이끌고 삼시 해 먹어야 했다. 황량한 3월의 마당에 앉아 생각했다. 나는 여기에서 뭘 하고 있는 거지?

열이 내리자 찾아온 무기력증으로 아무것도 하기 싫어진 우리 가족은 자가격리 기간 동안 마당에 앉아 멍 때리며 봄볕을 쬐었다. 익숙한 풍경이 매일 펼쳐졌다. 유채꽃밭에 윙윙거리는 벌, 자두꽃이 폈다고 찾아오는 나비, 우리가 먹다가 흘린 음식을 용케 발견하고 나르는 개미, 길 가다가 잠시 쉬러온 고양이들.

"우리는 여기서 뭐 하고 있는 걸까?"

내가 길 잃은 사람처럼 의욕 없이 중얼거렸다.

"살고 있지. 엄마는 여기서 살고 있지."

첫째 선후가 망설임 없이 대답했다.

"꿀벌처럼, 개미처럼, 나비처럼 살려고 여기 왔지."

남편이 말을 이었다.

"엄마는 여기서 우리 행복하게 해주고 있지. 우리 다 행복하잖아."

둘째 진우가 마당을 뛰어다니며 대답했다. 그렇구나. 나는 단순히 코로나를 피하려고 인구밀도가 낮은 시골로 온 것만은 아니었다.

딱 1년만 지내보자고 내려온 시골이다. 아이들은 신도시의 신축 아파트보다 80년도 더 된 시골집이 더 재미있다고, 시골 학교의 친구들과 벌써 이별할 수 없다며 계속 머물자고 졸라댔다. 그리하여 첫째 선후는 상주의 시골 학교 1학년에 입학하게 되었다. 자기 나름의 근거를 바탕으로 스스로 선택한 삶을 시작한 것이다.

입학식에서 아이는 6학년 선배들이 태워주는 꽃가마를 타고 단상에 올라 전교생 앞에서 입학 소감을 발표했다. 교장 선생님께서 입학생에게 읽어주시는 동화책 《틀려도 괜찮아》도 들었다. 그 모습을 보며 우리 아들을 포함한 전국 1학년들의 학교생활이 편안하고 행복하기를, 받아먹는 배움을 발판 삼아 배움을 나누기도 하고, 스스로를 발견해나가는 꽃길로 나아가길 간절히 기도했다.

아이는 책 제목처럼 살아가면서 많이 틀리기도 하고, 잘못된 선택을 하기도 할 것이다. 그래도 괜찮다. 중요한 것을 잃지 않는 마음으로 배우며 살아갈 테니까. 남편과 나도 그랬으니까.

그리하여 우리는 또 시골에서 일상을 정직하게 살아가고 있다. 아이들이 학교와 유치원에서 돌아오면 나는 사과주스를 얼려 만든 아이스크림을 꺼내 준다. 우리는 그 아이스크림을 먹으며 마루에 앉아 나무랑 꽃이랑 텃밭 채소를 바라보며 도란도란 이야기를 나눈다. 그런 하루하루가 너무 소중해서 마음에 환희가 차오른다. 벚꽃의 절정만이 봄의 모습이 아니며, 철쭉의 화려함만이 봄의 색이 아니라는 것을 보면서.

남은 휴직 기간 동안은 고민 없이 시골에서 지내기로 했다. 그다음은? 직장의 거취 문제, 주거 문제 등 또 복잡하게 얽혀 있는 현실적인 고민이 남겠지만 역시 아이들이 선택할 것이다. 엄마, 아빠의 입장도 고려하면서.

휴직 기간이 끝나면 내가 어디서 어떤 모습으로 살지 장담할 수 없지만 이것만은 확실하다. 우리는 어디서 어떤 모습으로 살든 4월의 라일락 향기와 5월의 아카시아 향기를 기억해낼 것이다. 내게 주어진 환경에서 행복해질 수 있는 선택을 하며.

시골 육아

2022년 06월 24일 초판 1쇄 발행

지 은 이 | 김선연
펴 낸 이 | 서장혁
책임편집 | 장진영
디 자 인 | 지완
마 케 팅 | 윤정아, 최은성

펴 낸 곳 | 봄름
주   소 | 서울특별시 마포구 양화로161 케이스퀘어 727호
T E L | 1544-5383
홈페이지 | www.bomlm.com
E-mail | edit@tomato4u.com
등   록 | 2012.1.11.
I S B N | 979-11-90278-66-9 (13590)

봄름은 토마토출판그룹의 브랜드입니다.